FOOD ANALYSIS

실무의 기초가 되는

식품분석

FOOD ANALYSIS

실무의 기초가 되는

식품분석

김범식 · 박희정 · 김일낭 · 이자현 · 박미혜 지음

교문사

머리말

최근의 식품산업은 글로벌화, 인구구조 변화, 기후 변화, 가치 변화, 기술진보 및 융·복합화의 트렌드로 크게 변하고 있습니다. 이에 따라 기술경쟁력을 갖춘 식품산업 육성에 대한 필요성이 크게 증대되고 있고, 이와 함께 식품안전 및 건강기능식품에 대한 관심 및 인식 또한 확산되고 있습니다.

식품분석은 식품연구의 가장 기초가 되는 분야이며, 세부적으로는 식품 중의 다량성분, 미량성분과 특수 미량성분 등을 분석합니다. 최근 식품 중의 영양성분, 건강기능성분 및 유해성분에 대한 이론적 지식이 증가하고 있으며, 식품 중에 함유된 이들 성분의 함량을 정확하게 분석하는 기술은 국민 건강 증진의 측면에서 매우 중요합니다. 과학기술의 발달과 함께 식품 또한 정확하고 신속한 분석방법들이 개발되고 있으며, 이를 통해 안전성 및 기능성에 대한 신뢰도를 높이고 식품업체에서도 고부가가치 기능성 식품을 개발할 수 있는 발판이 만들어지고 있습니다.

하지만, 아무리 다양한 기술과 분석기기가 개발된다 하더라도, 식품분석 기초에 대한 이해 없이는 분석기기 선택에서부터 분석수행 그리고, 결과해석이 불가능할 수 있습니다. 이에, 분석하기 전 시료의 특성을 이해하고, 그 특성에 따라 정밀도 및 재연성을 높이기 위한 분석방법을 선택해야 합니다. 또한 그 분석방법에 대한 원리와 주의사항을 숙지하고, 최종적으로 실험결과를 객관적으로 분석하고 검증을 해야 합니다.

본 교재에서는 분석방법마다 실험원리를 다양한 그림과 함께 상세하게 설명하여 이해도를 높였고, 실험조작 방법을 실제 사진과 함께 단계별로 제시하고 최종적으로 데이터 정리 및 결과보고서 작성법 등을 추가하여 실무에 적용 시 도움이 되도록 구성하였습니다. 특히, 2019년 개정된 식품산업기사 작업형 시험에 대비할 수 있도록 출제 문제 및 풀이와 함께 실험사진을 실었습니다.

다양한 연구와 강의 경력을 가진 교수진들의 경험을 바탕으로 최선을 다해 집필했지만, 여전히 부족한 면이 있으리라 생각이 됩니다. 선후배 교수님들과 독자 여러분의 충고를 부탁드리겠습니다. 지적해 주신 사항들에 대한 수정과 함께 최신 내용들의 추가로 더 나은 교재를 만들 수 있도록 지속적으로 노력하겠습니다.

마지막으로, 바쁘신 와중에도 이 책의 집필에 참여해주신 교수님들과 교문사 사장님 이하 관계자 분께 감사의 말씀을 드립니다.

2019년 8월

저자 대표

Contents

차례

PART 2 식품의 일반성분 분석

CHAPTER 5 수분 정량

CHAPTER 6 단백질 분석

CHAPTER 7 지질 분석

CHAPTER 8 회분 및 무기질 분석

CHAPTER 9 탄수화물 분석

PART 3 미생물 분석

CHAPTER 10 미생물 실험의 개요

CHAPTER 11 미생물 실험법

*식품산업기사 실기시험종목

PART 1

실험의 기초

CHAPTER 1

식품분석의 개요

식품분석은 식품연구의 가장 기초가 되는 분야이며, 세부적으로는 식품 중의 다량성분, 미량성분과 특수 미량성분 등을 분석한다. 최근 식품 중의 영양성분, 건강기능성분 및 유해성분에 대한 이론적 지식이 증가하고 있으며, 식품 중에 함유된 이들 성분의 함량을 정확하게 분석하는 기술은 국민 건강 증진의 측면에서 매우 중요하다.

1. 실험상의 기본사항과 실험실 주의사항

실험 시 사고 발생 위험 요인이 많으므로 실험자는 실험상 기본사항을 정확히 인지하고, 안전수칙을 준수하도록 한다.

1) 실험실 기본 사항

- 실험실의 전반적인 구조를 알고, 출입구는 비상시 피난이 가능한 상태로 항상 유지한다.
- 사고 시 연락 및 대피를 위해 출입구 또는 눈에 잘 띄는 곳에 비상연락망 및 대피 경로를 부착한다.
- 소화기는 눈에 잘 띄는 위치에 비치하고, 주기적 교육을 통해 소화기 사용법을 숙지한다.

- 실험실은 월 1회 이상 정기적으로 실험장치, 시약보관상태, 소방설비, 가스설비 등을 점검한다.
- 유해물질이 누출되었을 경우 싱크대나 일반 쓰레기통이 아닌 폐액 용기 혹은 실험폐기물 쓰레기통에 수거되도록 한다.
- 실험대, 실험부스, 안전통로 등은 항상 깨끗이 한다.
- 취급하는 시약에 대해서는 물질안전보건자료(Material Safety Data Sheet, MSDS)를 게시한다.
- 시약병은 깨끗하게 유지하고, 라벨지를 이용하여 시약명, 개봉 날짜 또는 시약 조제 날짜를 기록한다.
- 세안장치는 유해물질을 취급하는 실험실에 설치하여야 하며, 실험실 내의 모든 인원이 쉽게 접근하고 사용할 수 있도록 준비되어 있어야 한다. 실험실 작업자들은 눈을 감은 상태에서도 가장 가까운 세안장치에 접근할 수 있어야 한다.

2) 안전보건수칙

- 화학약품을 취급하는 실험실에서는 반드시 실험복과 보안경을 착용하고 실험에 임한다.
- 보안경 및 응급 상자는 별도의 안전보호구함에 보관하도록 한다.
- 모든 화학약품은 위험하다고 생각하고, 맛이나 냄새를 맡지 않도록 한다.
- 화학약품은 MSDS를 확인하고 사용한다.
- 실험 전 실험과정은 완전히 이해한 후 실험에 임해야 하며, 실험과정은 잘 정리하여 기록한다.
- 황산 등 강산을 희석할 때는 물에 강산을 천천히 저어주면서 가한다.
- 독성이나 냄새가 좋지 않은 기체가 발생하는 실험은 반드시 후드나 벤치에서 진행한다.
- 눈금이 새겨진 유리기구, 피펫, 실린더 등은 가열하지 않는다.
- 실험실 밖으로 실험복, 장갑 또는 개인보호장비를 입고 나가지 않는다.
- 산이나 염기가 눈이나 피부에 묻었을 때 즉시 세안장치 및 샤워장치로 씻어내고 도움을 요청하도록 한다.

실험복과 보안경 착용 및 보관

- 주위 사람들의 안전에 대해서 고려한다.

3) 폐기물 처리

- 화학폐기물 수집 용기는 운반이 용이한 플라스틱 용기를 사용한다.
- 유해물질의 폐기물을 수집할 때는 폐산, 폐알칼리, 폐유기용제, 할로겐족, 비할로겐족, 폐유 등 종류별로 구분하여 수집한다.
- 수집한 폐기물은 직사광선을 피하고 지정된 폐기물 보관장소에 보관한다.
- 유해물질 폐기물 보관장소에는 금연, 화기취급엄금 표지와 폐기물 보관수칙을 부착한다.
- 수집된 폐기물 용기는 폐액의 유출이나 악취가 발생되지 않도록 2중 마개 등의 조치를 취한다.
- 방사성 폐기물은 별도 수집하고 처리규정에 따라 엄중히 처리한다.

2. 분석방법의 종류와 개요

화학분석에는 크게 정성분석(定性分析, qualitative analysis)과 정량분석(定量分析, quantitative analysis)으로 나눌 수 있다. 일반적으로 식품의 영양적인 측면에 가치 평가의 중점을 둔 화학적 분석법을 식품분석이라고 한다.

1) 정성분석

분석하려는 시료 속에 특성 성분의 유무(有無)를 찾아내는 분석법이다. 식품 중 단백질, 탄수화물, 지방, 미생물 등의 존재 유무를 확인할 수 있다.

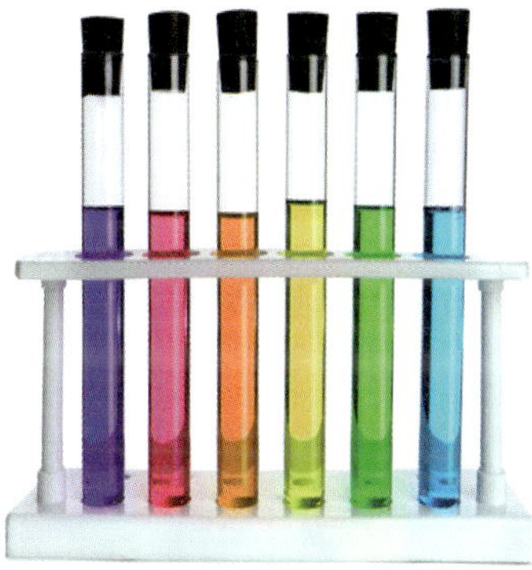

정성분석 예

2) 정량분석

정량분석은 시료 속에 분석하려는 그 성분물질이 얼마나 들어있는지를 결정하는 것을 말한다. 정량분석은 분석자가 시료의 성분물질의 종류에 대해서 미리 알고 있어야 가능하다. 정량분석 시에는 표준곡선을 작성하여 검출기의 반응 수치를 농도값으로 변환한다(그림 1-1).

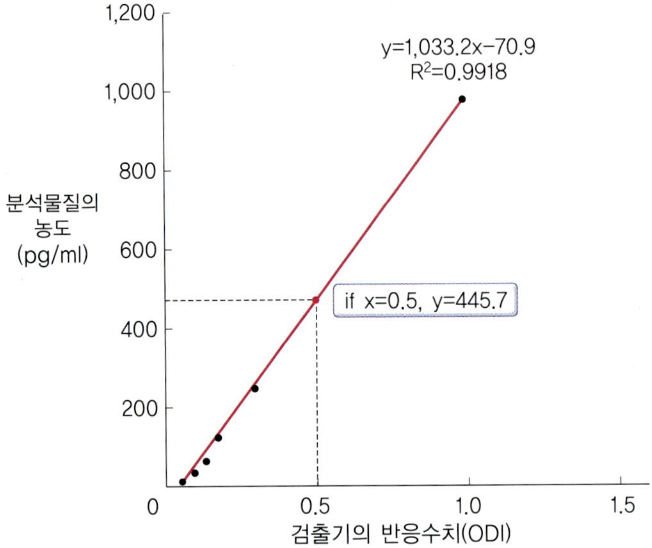

그림 1-1
정량분석 표준곡선 사례

3. 실험의 유효수치와 오차

실험 결과가 유의성과 신뢰성을 나타내기 위해 자릿수가 정리된 수치가 유효수치이다. 유효수치를 나타내기 위해 사용된 숫자를 유효숫자라고 하며, 유효숫자의 개수는 유효자릿수라고 한다. 즉, 실험치로서 가치 있는 숫자를 유효숫자라고 한다. 단 유효숫자 중 소수점의 위치를 표시하기 위해 사용된 0은 유효숫자가 아니다. 예를 들면, 12.3, 1.23, 0.0123은 모두 소수점과 상관없이 3개의 유효숫자를 갖는다. 그러나 12.30과 같이 소수점과 상관없는 0은 유효숫자에 포함되어 4개의 유효숫자를 갖게 된다.

1) 덧셈과 뺄셈에서의 유효수치

덧셈과 뺄셈에서는 각 측정값 중 끝자리 숫자의 단위가 가장 큰 것을 기준으로 유효수치를 정리하여 계산하거나, 계산한 다음 끝자리 숫자의 단위가 가장 큰 것으로 정리한다. 두 방법의 결과가 차이가 있을 때에는 유효자릿수가 가장 작은 것을 기준으로 정리한 다음 계산한다. 중간 계산에서도 가장 작은 유효자릿수를 적용하여 계산한다.

덧셈, 뺄셈에서의 유효수치

예제 1)

실제 계산

12.3+1.23+0.123=13.653

유효수치 적용 계산

12.3(소수점 1자리)+1.23(소수점 2자리)+0.123(소수점 3자리)=13.7(소수점 1자리)

2) 곱셈과 나눗셈에서의 유효수치

곱셈과 나눗셈에서는 유효자릿수가 가장 작은 것을 기준으로 정리한 다음 계산한다. 중간 계산에서도 가장 작은 유효자릿수를 적용하여 계산한다.

곱셈, 나눗셈에서의 유효수치

예제 1)

실제 계산

12.34 × 0.123 × 1.2345=1.8737

유효수치 적용 계산

12.34(유효자릿수 4자리) × 0.123(유효자릿수 3자리) × 1.2345(유효자릿수 5자리)=1.87(유효자릿수 3자리)

예제 2)

실제 계산

12.345 ÷ 6.54=1.8876

유효수치 적용 계산

12.345(유효자릿수 5자리) ÷ 6.54(유효자릿수 3자리)=1.89(유효자릿수 3자리)

4. 실험 노트 및 보고서 작성법

실험 시 실험 노트를 작성하여 실험 중 발생하는 과정과 결과에 대해 정확하고 상세하게 남기도록 한다. 이는 잘못된 실험법에 대한 해결책이나 새로운 실험에 대한 밑바탕이 될 수 있기 때문이다. 이에 실험 과정이나 실험 결과가 원하지 않는 방향으로 나오거나 잘못 기록되었더라도 지우지 말고 보기 쉽게 표시하여 두어야 한다. 실험 노트와 보고서는 다음의 내용이 포함될 수 있도록 한다.

1) 표지

실험의 제목, 날짜, 보고서 작성자 등이 표기되도록 한다.

2) 실험의 목적 및 원리

실험의 가설에 따른 목적을 간략하게 기술하고, 관련 이론이나 원리를 설명한다.

3) 기구 및 장비, 재료, 시약

사용하고자 하는 기구와 장비, 재료, 시약 등에 대해 상세히 기록하여, 다음 실험에도 사용될 수 있도록 한다.

4) 실험 방법

실험 수행과정을 작성하고, 추후 오류가 있었던 부분을 별도로 표시하여 실험 오류를 반복하지 않도록 한다.

5) 실험 결과

표, 그림을 포함한 결과를 포함하여 제시하고, 숫자로 표현 시 유효숫자를 고려하여 나타낸다.

6) 결론 및 고찰

실험을 통해 얻어진 결과에 대해 과학적 해석을 하고, 다른 실험자의 결과 또는 이론값과 비교해 본다. 수행된 실험의 의의, 특이사항, 문제점 및 개선점에 대해 기술한다.

7) 의문점

본 실험에서 도출된 결과로 발생한 의문점을 서술하여, 다음 실험에 반영될 수 있도록 한다.

8) 참고문헌

인용하거나 실험에 도움이 되는 참고문헌을 표시하고, 보고서 본문에는 참고문헌에 대한 각주를 달아 정리하도록 한다.

실험 노트 예시

실험자의 이름: ________ 날짜: ________

1. 실험 제목

2. 실험 목적 및 원리

3. 기구 및 장비, 재료, 시약
   - 시료(sample)
   - 시약(reagents)
   - 기구 및 장비

4. 실험 과정

5. 실험 결과(표, 그림, 결과 포함)

6. 결론 및 고찰
   - 실험결과에 대한 과학적 해석
   - 다른 실험자의 결과 또는 이론값 결과 비교
   - 결과의 차이에 따른 분석 결과 정리

7. 의문점

8. 참고문헌
   - 책: 저자명, 연도, 도서명, 인용 페이지, 출판사
   - 논문: 저자명, 연도, 논문 제목, 저널명

MEMO

CHAPTER 2

기구의 조작

1. 식품분석을 위한 기본 기구

1) 일반 기구

(1) 실험용기류

식품분석 시 일반적으로 많이 사용하는 기구는 시험관(test tube)과 시험관대, 비커(beaker), 삼각플라스크(erlenmeyer flask) 등이 있으며 주로 실험을 진행하는 용기가 된다.

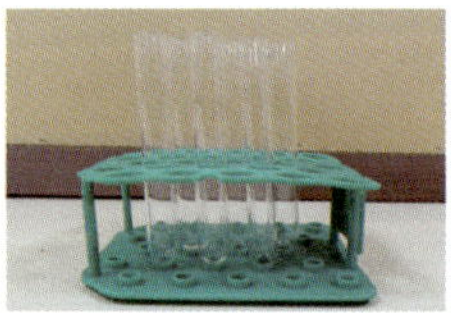

유리시험관

플라스틱시험관

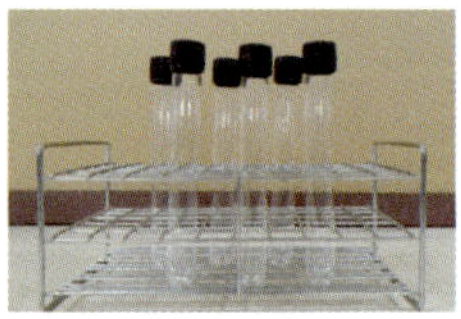

캡시험관

비커

삼각플라스크

(2) 깔때기류

깔때기(funnel), 분액깔때기(separatory funnel), 색소병(dropping bottle with pipette) 등이 있다. 깔때기는 시약 제조 시 용기에 넣을 때 사용한다. 분액깔때기는 용매를 혼합하고 분리할 때 사용하며 먼저 서로 흔들고, 가만히 세워둔 후 콕을 열고 아래 비커에 용액을 따라내도록 한다.

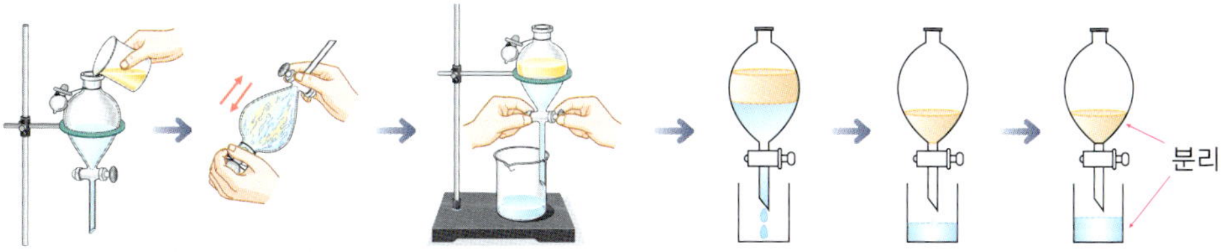

그림 2-1
분액깔때기

깔때기

색소병

깔때기류

(3) 뷰렛과 뷰렛대

뷰렛은 적정 시험에 사용되며, 25 mL가 기본으로 사용된다. 뷰렛스탠드에 걸어 사용한다.

뷰렛은 부피분석 시 반응의 종점까지 표준용액을 정확하게 흘려 떨어뜨리고, 표준용액의 소비량을 측정하는 데 사용하는 장치이다.

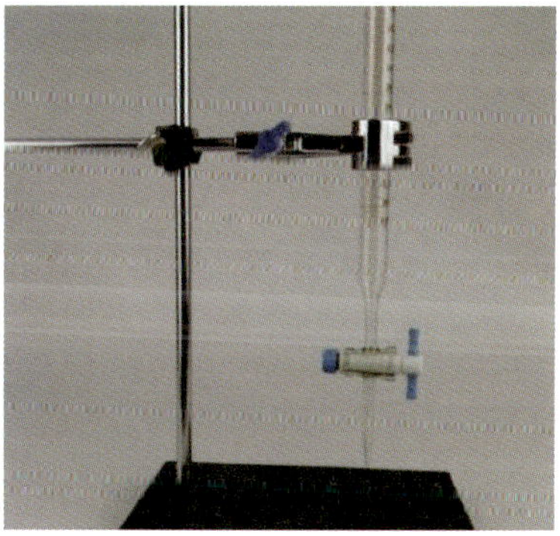

뷰렛과 뷰렛대

2) 무게 측정

저울(천칭)을 이용하여 물질의 무게를 측정하는 조작이며, 실험실에서 가장 기본적인 실험이다.

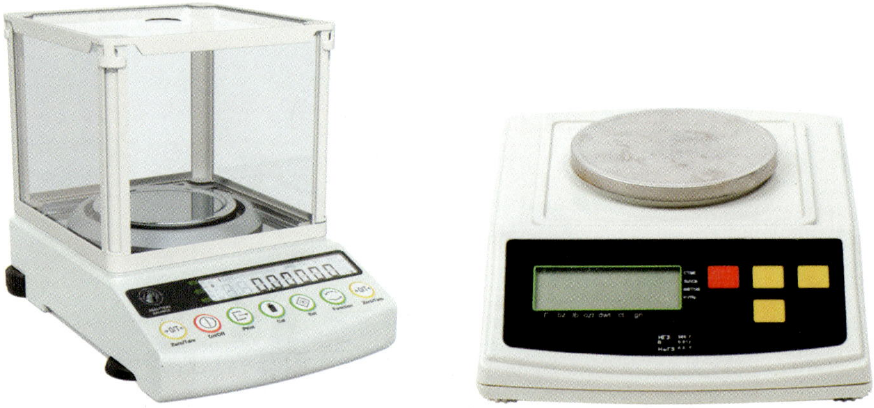

저울류

3) 부피 측정

식품분석 시 실험 재료로 액체 성분이 많이 사용되므로 액체 부피를 정확하게 측정하는 것은 중요하다.

부피 측정 시 눈금을 정확히 읽는 것은 중요하다. 액체가 관벽에 강하게 부착되는 경우에는 액면이 오목해지고, 수은처럼 관벽을 적시지 않을 때에는 액면이 볼록해진다. 이에 용액을 눈금 선까지 채울 때 표선(메니스커스)을 읽는 방법이 다르다. 투명한 액체는 표선 하단을 눈으로 수평이 되게 읽고, 불투명한 액체는 표선 하단을 읽는다.

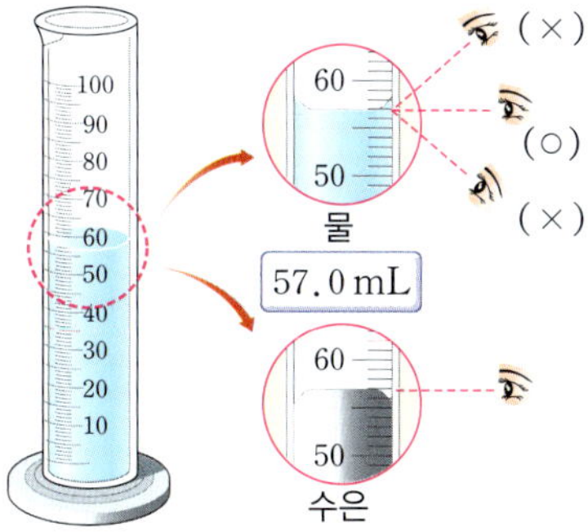

그림 2-2
부피 측정

부피를 측정하는 기구는 메스플라스크, 메스실린더, 피펫 등이 있다. 메스플라스크는 정량의 시료를 채취할 때 사용하며 메스실린더는 일정 용량을 정확하게 채취할 때 사용한다.

메스플라스크

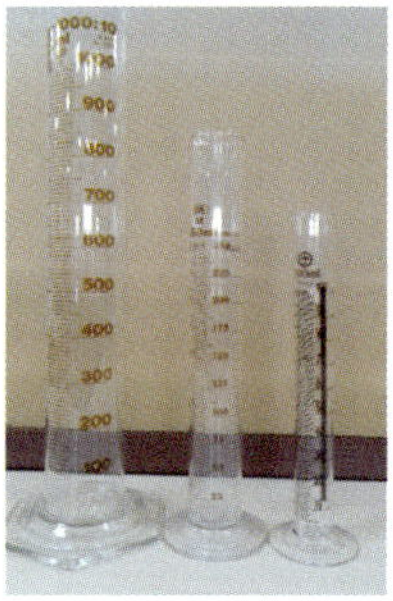

메스실린더

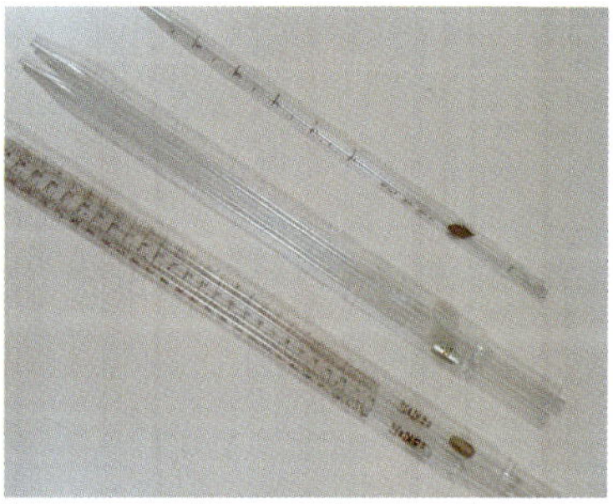

피펫

부피측정 기구류

피펫은 일정한 부피를 다른 실험 용기에 옮기는 용도이다. 정해진 용량을 채취할 때 사용하는 홀 피펫(whole pipette)과 눈금에 따라 일정량을 취하는 메스 피펫(measuring pipette)이 있으며, 0.25 μl ~1,000 μl를 취하는 마이크로 피펫(micro pipette)이 있다.

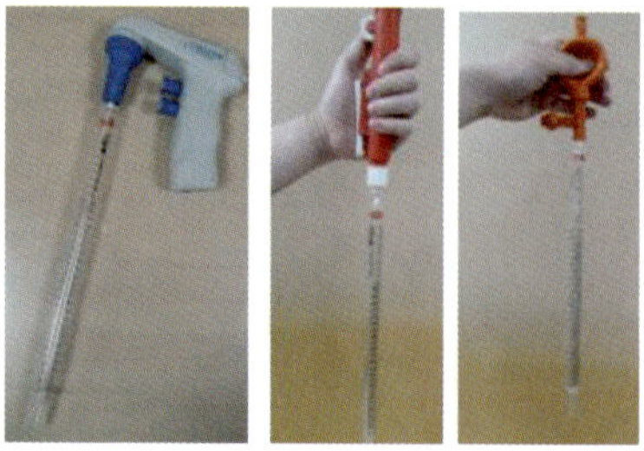

피펫

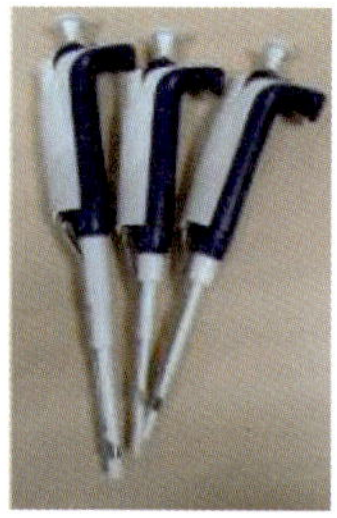

마이크로 피펫

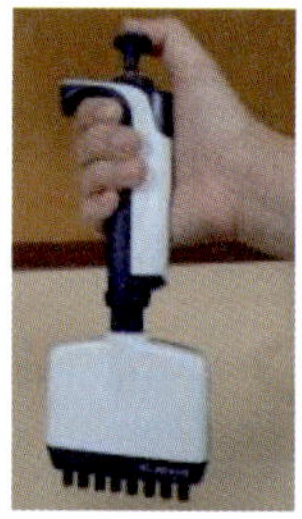

멀티 피펫

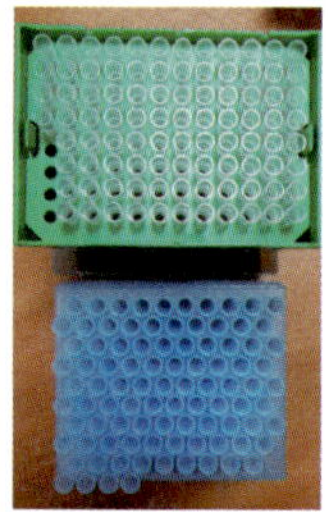

팁

피펫류

4) 비중 측정

비중은 표준물질에 대한 미지 물질의 밀도의 비로 정의하며, 상대밀도라고도 한다. 밀도는 질량 ÷ 부피인데 부피는 온도, 압력에 따라 영향을 많이 받게 되어 물질 간 비교가 어렵게 된다. 이에 표준물질과 비교하여 상대적인 밀도를 알 수 있게 된다.

비중계

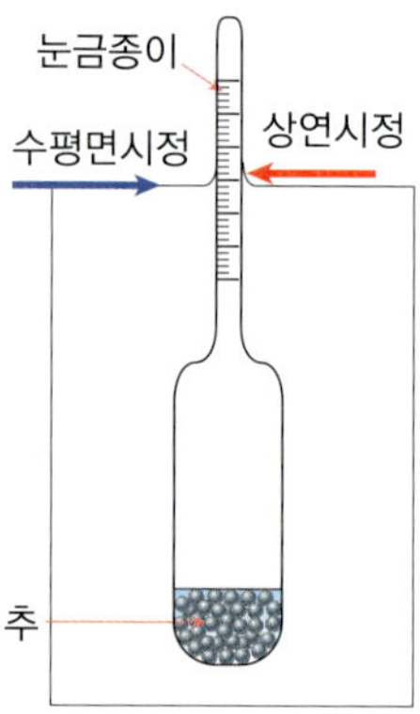

그림 2-3 액체 비중계 읽는 법

5) pH와 산도 측정

식품 중 산도(acidity)와 연관된 용어는 pH와 적정 산도(Titratable Acidity, TA)가 있다. pH는 수용액 중 존재하는 수소이온 몰농도의 역수를 상용대수로 나타내며, 일반적으로 pH 미터기를 사용하여 측정한다. 적정 산도는 식품 중 모든 산의 양을 알칼리 표준용액(0.1 M 수산화나트륨 용액)으로 적정한 값으로 pH보다 향미에 직접적인 영향을 미친다.

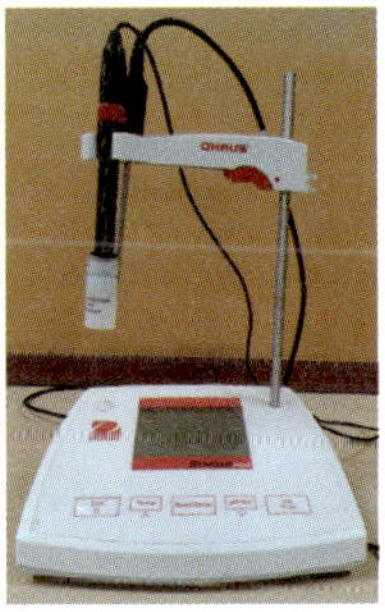

PH 미터

6) 중 · 용량 보조기구

실험 시 중·용량 보조기구로는 시약스푼, 도가니 집게, 크램프, 스탠드, 크램프 잡이 등이 있다.

시약스푼

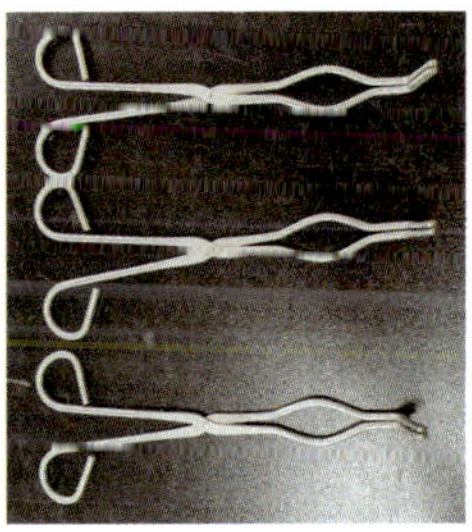

도가니 집게

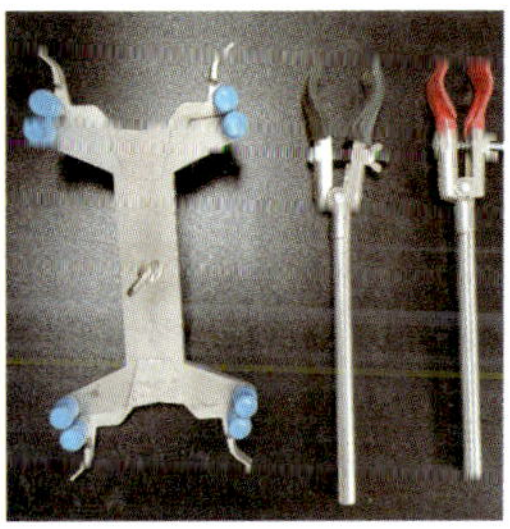

크렘프

보조기구

7) 세척제 및 증류수

기계, 유리 기구 등 기자재의 세척에는 통상적으로 용액 비누를 사용하여 닦은 후 증류수로 마지막 헹굼질을 하고 건조기에 건조시켜 사용한다. 그러나 지방이나 진한 산을 담은 용기나 브러시로 닦기 힘든 기구는 세척액에 1일 이상 침지시켜 수돗물로 씻고 건조한 후 사용한다.

2. 가열기구

가열은 상온에서 반응을 쉽게 하거나 고체시약의 용해도를 증가시키는 데 도움이 된다.

1) 직화 가열

히터나 버너에 직접 가열하는 방식으로 가열방법에 따른 반응 속도 및 반응 시간에 영향이 많지 않을 때 석면망을 이용하여 사용한다.

직화가열

2) 간접 가열

간접적으로 가열하는 방법에는 항온수조법, 유욕법, 사욕법 등이 있다.

(1) 항온수조법

항온수조법(water bath)은 100 ℃ 이하로 가열할 경우 항온의 물속에서 가열하는 방법으로 다양한 실험 시에 사용된다.

항온가열

(2) 유욕법

유욕법(oil bath)은 100 ℃ 이상 가열 시 사용하며, 가열된 기름 속에서 가열하는 방법이다.

(3) 사욕법

사욕법(sand bath)은 온도가 균일한 고운 모래를 사용하여 가열하는 방법이며, 가열 면적이 넓더라도 골고루 반응시킬 수 있는 장점이 있다.

사욕법

3. 냉각기구

냉각은 실험 과정 속 필요한 처리가 될 수 있으며, 자연냉각과 인공냉각을 사용한다.

1) 자연냉각

자연냉각은 실험 후 실온에 방치하거나 교반하면서 자연적으로 냉각시키는 방법이다.

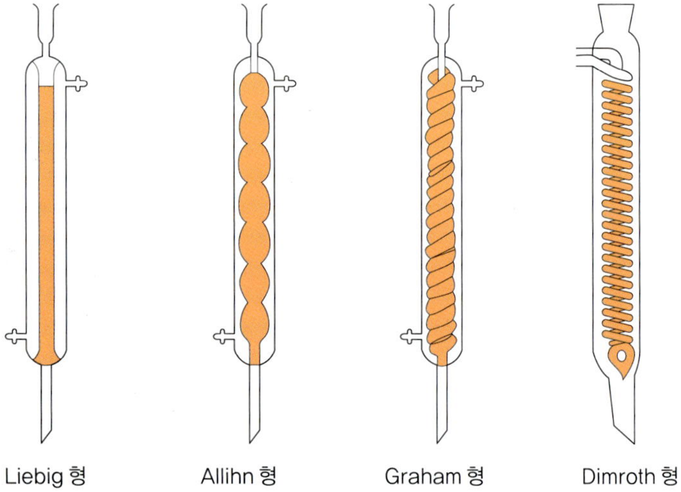

그림 2-4
냉각기의 종류

2) 인공냉각

인공냉각은 냉각기나 냉장고, 냉각제를 사용하여 인위적으로 냉각시키는 방법이다.

(1) 냉각기(condenser) 사용

냉각기는 발열반응을 연속적으로 진행시키거나 증기의 회수가 필요할 때 사용목적에 따라 선택하여 사용한다. 냉각기는 흐르는 물에 의해 냉각하는 것이 일반적이며, 종류로는 리비히 냉각기(Liebig condenser), 알린 냉각기(Allihn's condenser), 그레암 냉각기(Graham's condenser), 딤로스 냉각기(Dimroth's condenser) 등이 있다.

증류가 필요할 때는 리비히 냉각기, 유기용매에 의한 추출 시에는 용매의 비산을 막기 위해 딤로스 냉각기를 사용하고, 냉각기 내 전열면적을 넓히기 위해서는 정도에 따라 알린 및 그레암 냉각기를 사용한다.

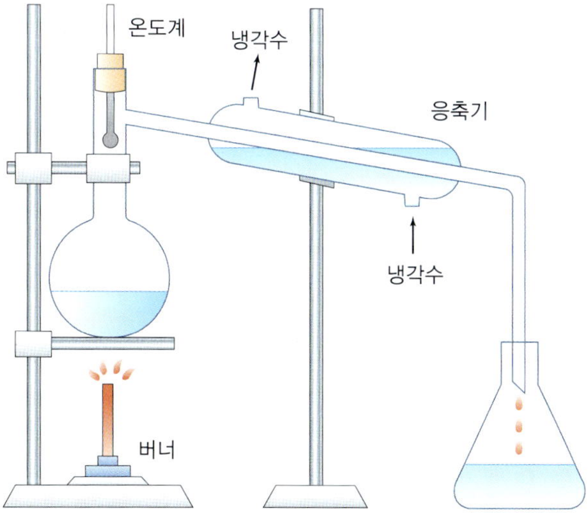

그림 2-5
냉각기의 장치설치

(2) 냉장고 사용

일반적으로 5~10 ℃ 이하로 냉각하거나 보존할 때 사용한다.

(3) 냉각제 사용

냉각온도가 0 ℃ 이하일 경우 얼음물이나 드라이아이스 등의 냉각제를 사용한다.

4. 여과와 분리기구

1) 여과기구

고체와 액체를 분리하는 방법을 여과(filteration)라고 하며, 현탁 물질이나 용액 속의 침전물을 분리하는 것이다. 일반적으로 여과지를 사용하여 분리하며 용도에 따라 다양한 여과지의 종류가 상용화되어 있다.

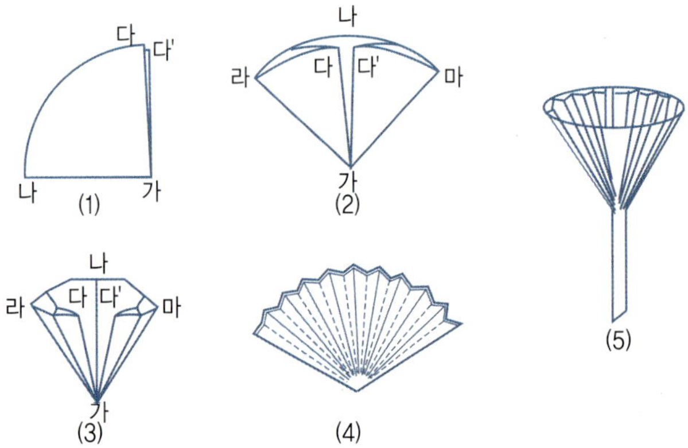

그림 2-6
주름여과지 접는 방법

2) 분리기구

물질 분리 시 여과하기 어렵거나 여과지를 사용할 수 없을 때 사용하는 방법으로 원심 분리나 흡착의 방법을 사용하기도 한다.

(1) 원심 분리

원심 분리는 무게를 이용하여 물질을 용기 밑으로 가라앉게 하고, 용기 상층액 부분과 침전 부분을 분리하는 방법이다. 원심분리기 사용 시에는 대칭적으로 시료의 중량을 같게 균형을 맞춘 후 회전시키게 된다.

(2) 흡착

유리관에 흡착제를 채워 넣은 칼럼을 만들어 피흡착성이 약한 것부터 용출되어 밑으로 이동하는 조작이다.

환류 추출기

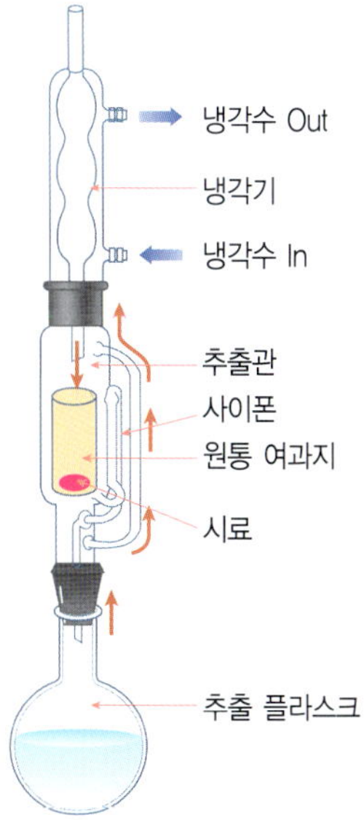

그림 2-7 속슬렛 추출기

5. 추출기구

추출(extraction)은 시료의 특정 물질을 용매를 사용하여 녹여내는 방법이며, 환류 추출기나 속슬렛 추출장치 등을 사용한다. 고체 혼합물에서 특성 물질의 추출률을 높이기 위해서는 용매와의 접촉면을 최대한 넓게 하여 시료를 가늘게 가는 것이 효율적이다.

6. 증류기구

액체를 기화시킨 후 다시 냉각시켜 액체로 모으는 과정이 증류(distillation)이며, 끓는점이 다른 혼합물을 증기압의 차이를 이용해서 분리·정제하는 방법이다.

CHAPTER 3

물리화학분석법

물리화학분석은 물질이 가지고 있는 고유의 성질, 빛의 흡수특성, 특정물질의 피흡착성 등을 이용해서 성분을 분리하거나 측정하는 분석법을 말한다. 물리화학분석에는 광도계, 크로마토그래피 등의 복잡한 분석기기가 사용되는 빈도가 높아 기기분석이라고도 한다.

1. 광도계

광도계를 이용한 광분석은 성분의 광학적 성질에 기초하여 정성분석 혹은 정량분석을 하게 된다. 이용되는 광학성질에는 가시광선(320～800 nm), 자외선(180～320 nm), 적외선, X선 등을 이용하고, 가시광선 흡수는 비색정량법으로 정량분석에 널리 사용되고 있다. 자외선 및 적외선의 흡수는 유기물질의 정성에 널리 사용된다.

1) 분광광도계(spectrophotometer)

시험물질에 적당한 시약을 가하여 착색시키고 용액 중의 색의 농도를 측정하거나 비교분석하여 시험물질의 양을 알 수 있는 방법을 비색분석(colorimetry)이라고 한다. 일반적으로 표준용액의 투과율 혹은 흡광도를 측정하고 이로부터 표준곡선을 구하여, 시험물질의

그림 3-1
분광광도계의 원리

농도를 표준곡선에서 구하는 비색분석법을 활용하고 있다. 특히 분광광도계를 이용한 비색분석법은 분석감도가 민감하여 미량성분이나 다성분계의 비색분석에 대표적으로 이용되고 있다.

투과도는 빛이 시료를 통과한 빛의 양을 말하며, 흡광도는 물질의 특성 및 물질의 농도, 투과길이에 의해 결정된다.

분광광도계는 광원과 단색화장치, 검출기(detector) 부분으로 구성되어 있으며, 광원에서 나오는 넓은 파장의 빛을 단색복사선으로 바꿔 원하는 파장의 빛만 사용할 수 있게 된다.

분광광도계

2) 형광광도계(fluorophotometer)

식품 중 측정하려는 시료의 성분이 저농도일 때는 형광분석이 바람직하다. 식품, 의약품 등에 형광을 발하는 형광물질이나 형광물질로 변할 수 있는 것들이 존재하므로, 자외선이나 가시광선을 이용하여 형광을 광전관에 받아서 광도를 전기적으로 측정하고, 이로부터 함유량을 측정할 수 있게 된다. 원리는 분광광도계와 거의 동일하며, 출력 전 증폭기(amplifier)가 있어서 감도 차이는 크다.

형광 분석은 보통 비타민류들에서 시행하고 있으며, 비타민류는 알칼리성에서 산화하거나 광분해 시 형광을 발하기 때문에 발광하는 형광의 강도를 측정하여 함량을 구한다.

2. 크로마토그래피

크로마토그래피(chromatography)는 물질을 분리하는 방법 중 하나이며, Tswett(1903년)이 식물의 색소를 분리하며 사용(chroma, Greek어로 color를 뜻함)하기 시작하였다. 오늘날은 색깔과는 무관하게 화학물질(chemical species)을 분리하는 기술을 의미한다. 크기, 전하, 흡착성 또는 생물학적 친화성(affinity)의 차이에 근거를 두고 미세한 입자를 충전시킨 칼럼을 통하여 유체를 균일하게 침투·통과시키는 과정에서 유체 내 어떤 성분이 선택적으로 지연되어 결과적으로 물질이 분리되는 것을 의미한다. 식품 분자들은 다양한 범위의 크기, 모양, 소수성 등을 갖기 때문에 이들을 분리할 때 두 가지 이상의 크로마토그래피법을 이용하는 경우가 많다.

보통 칼럼을 이용하여 분리하는 경우가 많으며, solid를 칼럼에 충전하여 분리하는 방법으로, 이때 solid를 정지상(stationary phase), liquid를 이동상(mobile phase)이라고 한다. 정지상과 이동상에 따라 다양한 크로마토그래피가 존재한다.

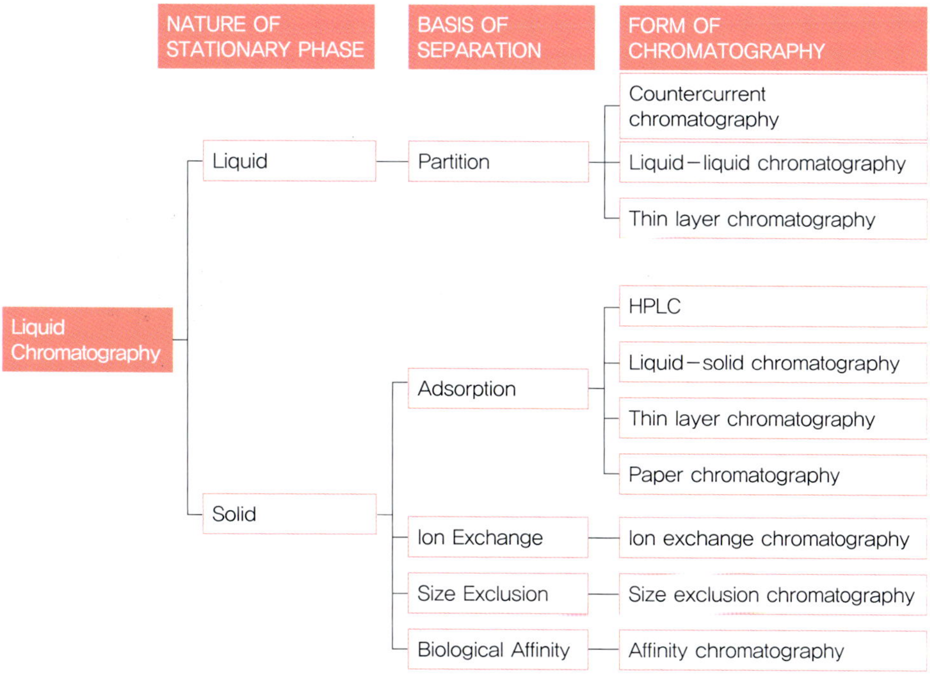

액체 크로마토그래피의 분류

1) 액체 크로마토그래피(Liquid chromatography)

실리카 겔과 같이 수분을 지니기 쉬운 담체를 칼럼에 충전하고 물과 혼합되지 않는 용매에 녹인 혼합물(시료)을 주입한다. 이어서 같은 용매를 같은 방향으로 주입하면 담체의 표면의 물과 흘려 내려가는 용매 간의 용질(시료)의 분배가 일어나고 분배율의 차이에 오면 역시 분배율에 따라 용출되게 되므로 물에 대한 분배율이 적을수록 충전된 칼럼을 빨리 통과하게 된다.

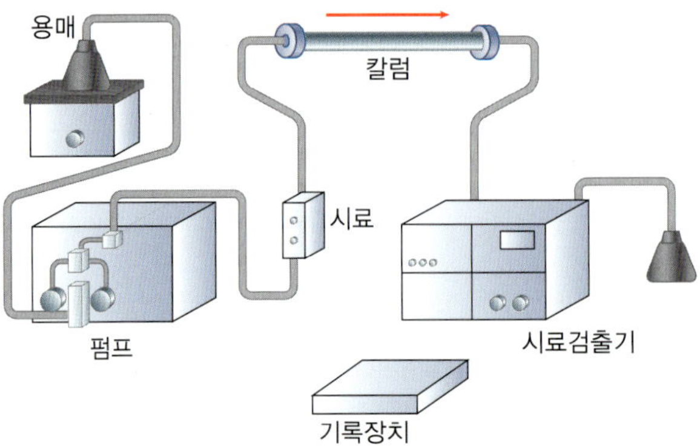

그림 3-2
액체 크로마토그래피 원리

2) 기체 크로마토그래피(Gas chromatography)

이동상의 속도는 액체보다 기체가 빠르며 용질이 기화가 가능한 경우 실리카 겔 등의 표면에 부착시킨 고정상 액체와 질소 가스 등의 기체 이동상 간의 분배가 일어나도록 하는 것이 기체 크로마토그래피이다.

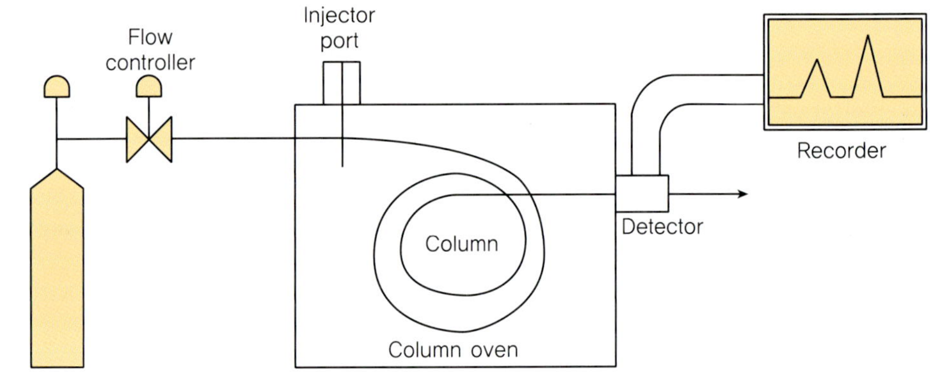

그림 3-3
기체 크로마토그래피 원리

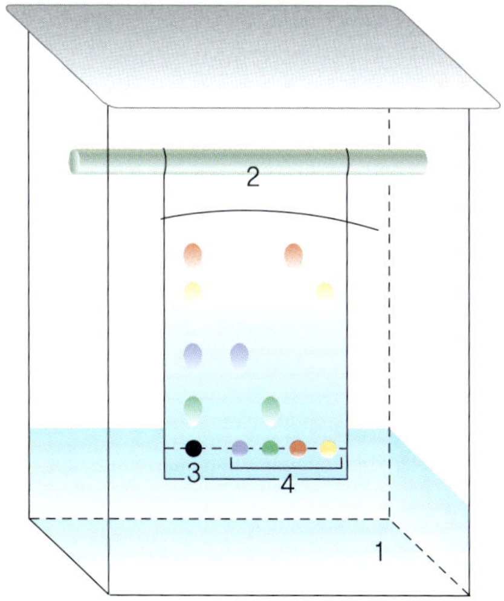

1. 전개용 용매
2. 여과지
3. 대조액 위치
4. 시험용액 위치

그림 3-4
여지 크로마토그래피

3) 어지 크로마토그래피(Paper chromatography)

고정상 담체로서 여과지를 이용하여 밀폐시킨 용기 중에 이동상 용매(전개용매)를 빨아 올림으로써 혼합물을 전개시켜 정색시약이나 자외선에 의해 여지상에서 관찰하는 것이 여지 크로마토그래피이다. 재현성이 뛰어나 당류의 분석에 많이 사용되고 있다.

4) 박층 크로마토그래피(Thin layer chromatography)

여지 대신 유리판, 알루미늄 판, 플라스틱 판 위에 실리카 겔 분말 등의 고정상을 두께 0.25mm 정도 입힌 것을 사용하는 것을 TLC(Thin Layer Chromatography)라고 한다. 짧은 시간 내에 전개시킬 수 있고 고정상과 정색 시약의 선택이 자유로워 혼합물의 분리에 널리 쓰이고 있는 크로마토그래피이다.

5) 역상 크로마토그래피(Reversed-phase chromatography)

실리카 겔 담체의 표면에 실리콘 수지를 부착시키거나 또는 표면을 화학적으로 알킬화시킨 것이 있고 비수계의 용매를 고정상으로 흡착시키고 이러한 고정상은 극성이 작은 물질에 대하여 친화성이 강하며 극성이 큰 물질에 대하여는 친화성이 약하다. 이동상에 물이나 메탄올 등의 수계용매를 사용하면 극성이 큰 물질부터 용출되며, 이러한 역상 크로마토그래피는 배당체 등의 수용성 유기 화합물의 분리에 적당하다.

6) 고성능 액체 크로마토그래피(High-performance liquid chromatography)

고성능 액체 크로마토그래피는 이동상으로 액체를 사용하고 압력을 가하여 강제로 고정상을 통과시키는 방법이다. 모든 비휘발성 물질을 분석할 수 있으며 HPLC(High-Performance Liquid Chromatography)는 보통 칼럼 크로마토그래피용보다 미세하고 입도가 가지런한 충전제를 이용하여 분석 시간을 단축시킬 수 있다.

최근 급속한 진전을 하여 충전제도 흡착, 분배, 이온 교환 등이 준비되어 모든 물질의 분석이 가능하게 되었다. 분리기능도 기체 크로마토그래피에 육박할 정도로 물질의 미량 분석, 분리동정, 순도 검정, 분리 정량에 널리 이용되고 있다.

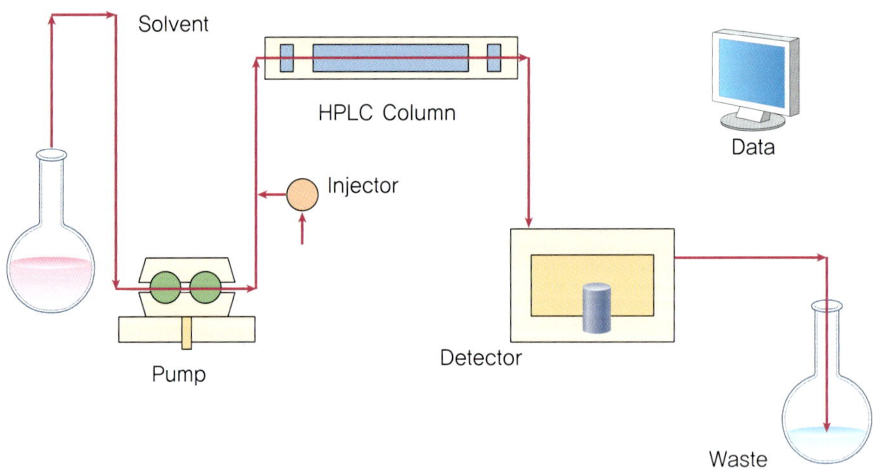

그림 3-5
HPLC의 원리

MEMO

CHAPTER 4

용량 분석

용량 분석은 식품분석에서 가장 흔히 응용되는 방법이다. 정량하고자 하는 성분이 용해된 시료용액에 미리 농도를 정확히 알고 있는 표준용액을 반응시켜 반응의 종말점을 확인하고, 표준용액의 소비량으로부터 계산에 의해 시료 중의 목적성분의 함량을 구하는 것이다. 이와 같이 적정에 의해 실험이 이루어지므로 적정분석이라고도 한다. 종말점은 용액의 물리적 성질이 급격히 변하는 점으로 내부 또는 외부 지시약을 사용하거나 반응 생성물의 침전 및 이온색으로 판단하기도 한다.

용량 분석을 위해서는 화학반응이 정량적이고 역반응 또는 부반응이 없어야 하며, 반응속도가 빨라야 하고, 반응의 종말점이 명확해야 한다.

1. 용량 분석의 종류

용량 분석 방법에는 용액 중의 물질을 표준용액으로 직접 적정하는 직접적정법과 일정 과량의 표준용액을 가하여 반응시킨 후 남은 표준용액을 다른 표준용액으로 적정하는 방법인 역적정법이 있다. 주로 반응이 느리거나 종말점이 불분명한 경우 역적정법을 사용한다.

1) 중화적정법

중화적정법은 산과 알칼리의 중화반응을 이용하는 분석법으로, 알칼리 또는 산의 표준용액으로 적정하고 정량하는 방법이다. 이 반응은 중화점 부근에서 급격한 pH의 변화가 있으므로 종말점 부근에서 변화를 나타내도록 지시약을 첨가한다. 중화적정에 사용되는 지시약은 변색 범위가 각각 다르므로 실험에 맞는 지시약의 선택이 필요하다. 주로 많이 사용되는 지시약은 페놀프탈레인, 메틸오렌지, 메틸레드 등이 있다(표 4－1).

표 4–1
지시약의 종류 및 pH에 따른 변색 범위

지시약	변색 범위	산성	중성	알칼리성
페놀프탈레인(phenolphthalein)	8.3～10.0	무색	무색	분홍
메틸오렌지(methyl orange)	3.1～4.4	적색	황색	황색
메틸레드(methyl red)	4.4～6.2	적색	황색	황색

2) 침전적정법

침전적정법은 분석하고자 하는 물질에 표준용액을 가하여 정량적으로 난용성 침전이 생기는 반응을 이용한 실험이다. 식품분석에서 가장 많이 사용되는 침전적정은 질산은($AgNO_3$)을 표준용액으로 사용하여 식염을 정량하는 모어(Mohr)법 등이 있다.

3) 산화환원적정법

산화환원적정법은 산화－환원을 이용한 방법으로 산화제나 환원제의 표준용액으로 적정하는 실험이다. 과망간산칼륨($KMNO_4$)을 이용한 과산화수소, 칼슘 정량 등의 실험에 적용된다.

4) 요오드적정법

요오드적정법은 산화환원반응의 일종이지만, 응용범위가 넓기 때문에 따로 분류되고 있다. 요오드(I_2)는 그 자체보다 낮은 산화전위물질에 대해서는 산화제로 작용하므로 요오드의 표준용액으로 직접 적정할 수 있고(요오드법), 이와 반대로 요오드보다 높은 산화전위를 갖는 요오드칼륨(KI)과 같은 요오드화합물은 환원제로 작용하므로 환원작용으로 생성된 요오드를 티오황산나트륨($Na_2S_2O_3$) 표준용액으로 적정하게 되면 간접적으로 목적성분을 정량할 수 있다(요오드화법). 요오드법과 요오드화법을 합쳐서 요오드적정법이라고 한다. 요오드적정법의 종말점 확인에는 요오드 자체의 황색을 이용하여도 좋으나, 요오드 전분 반응에 의한 청색이 훨씬 예민하므로 전분용액을 지시약으로 사용한다. 주로, 식품 중의 요오드 정량, 요오드가와 과산화물가 측정 등에 적용된다.

2. 용액의 조제 및 표정

식품분석을 위해 사용되는 시약은 필요에 따른 농도에 맞게 적절히 제조되어야 한다. 구비된 시약 및 표준용액을 사용하여 목적하는 농도의 용액으로 전환이 가능해야 실험이 원활히 이루어질 수 있다.

용액은 다수의 물질인 용매와 소수의 물질인 용질로 구성되며, 용액의 농도는 용액에 대한 용질의 양을 뜻하는데 필요나 목적에 따라 다양한 방법으로 표시된다.

1) 백분율 농도

용액 중에 포함되어 있는 용질의 백분율(%)은 중량백분율(w/w %), 용량백분율(v/v %), 또는 중용량백분율(w/v %)로 나타낸다. 특별한 언급 없이 %로만 표시하였을 경우 w/w %를 의미한다.

- 중량백분율 농도(w/w %): 용액 100 g 중의 용질의 g 수이다.

$$=\frac{\text{용질의 질량}}{\text{전체 용액의 질량}}\times 100$$

- 용량백분율 농도(v/v %): 용액 100 mL 중의 용질의 mL 수이다.

$$=\frac{\text{용질의 부피}}{\text{전체 용액의 부피}}\times 100$$

- 중용량백분율 농도(w/v %): 용액 100 mL 중의 용질의 g 수이다.

$$=\frac{\text{용질의 질량}}{\text{전체 용액의 부피}}\times 100$$

(1) 백만분율

시료 중에 함유되어 있는 극미량 성분의 농도는 백만분율(part per million, ppm; mg/kg, ug/g) 또는 십억분율(part per billion, ppb)을 사용할 수 있다.

- 백만분율(part per million: ppm, mg/kg, ug/g): 용액 1,000 g 또는 1,000 mL에 녹아 있는 용질의 mg 수

$$=\frac{\text{용질의 질량}}{\text{전체 용액의 질량}}\times 10^6$$

- 십억분율(part per billion, ppb): 용액 1,000 kg 또는 1,000 L에 녹아 있는 용질의 mg 수

$$=\frac{\text{용질의 질량}}{\text{전체 용액의 질량}}\times 10^9$$

(2) 몰농도

몰농도(molality, M)는 용액 1 L 중에 함유되어 있는 용질의 몰(mole) 수를 의미한다. 1몰의 분자량의 용질을 용매에 녹이고 용액을 1 L로 정용하면 1몰 용액이 된다.

$$\text{몰농도(M)}=\frac{\text{용질의 몰(mol) 수}}{\text{용액의 양(L)}}$$

(3) 노르말농도

노르말농도(normality, N)는 용액 1 L 중에 함유되어 있는 용질의 당량수를 의미한다.

- 산의 당량수＝이온화되면 내놓는 H^+이온의 개수
  예: 염산(HCl)의 당량수＝1 eq/mol, (황산) H_2SO_4의 당량수＝2 eq/mol
- 염기의 당량수＝이온화되면 내놓는 OH^-이온의 개수
  예: NaOH의 당량수＝1 eq/mol, $Ca(OH)_2$의 당량수＝2 eq/mol

몰농도로 주어진 용액은 아래와 같은 계산을 통해 노르말농도로 변경할 수 있다.

노르말농도(N)＝몰농도(M)×몰당 당량수(eq/mol)

$$= \frac{\text{용질의 몰(mol) 수}}{\text{용액의 양(L)}} \times \frac{\text{용질의 당량수}}{\text{용질의 몰(mol) 수}} = \frac{\text{용질의 당량수}}{\text{용액의 양(L)}}$$

- 수산화나트륨(NaOH) 용액[Na의 원자량 23, 산소의 원자량 16, 수소의 원자량 1, NaOH의 분자량: 40, NaOH의 g당량: 40/1(OH의 수)＝40]
  - 1M NaOH 용액: 40 g의 NaOH 분자를 녹여 1,000 mL로 정용한 용액
  - 1N NaOH 용액: 40 g의 NaOH 분자를 녹여 1,000 mL로 정용한 용액
- 수산화칼슘($Ca(OH)_2$) 용액[Ca의 원자량 40, H의 원자량 1, O의 원자량 16, $Ca(OH)_2$의 분자량: 74, $Ca(OH)_2$의 g 당량: 74/2(OH의 수)＝37]
  - 1M $Ca(OH)_2$ 용액: 74 g의 $Ca(OH)_2$를 넣어 1,000 mL로 정용한 용액
  - 1N $Ca(OH)_2$ 용액: 37 g의 $Ca(OH)_2$를 넣어 1,000 mL로 정용한 용액

2) 용액 농도의 변경

(1) 백분율(%) 농도의 변경

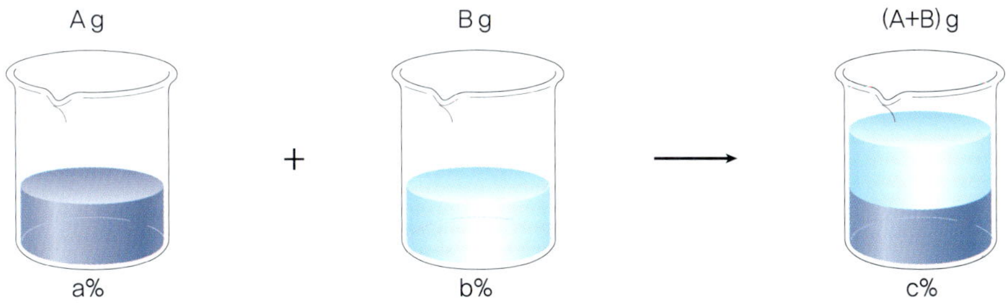

그림 4-1
농도가 다른 용액의 혼합

농도가 큰 a % 용액 Ag(또는 mL)과 그보다 낮은 농도 b %인 용액 Bg(또는 mL)을 혼합하여 c %의 용액(A + B)을 만들려면, 다음 식을 사용하여 필요한 용액의 양을 구할 수 있다.

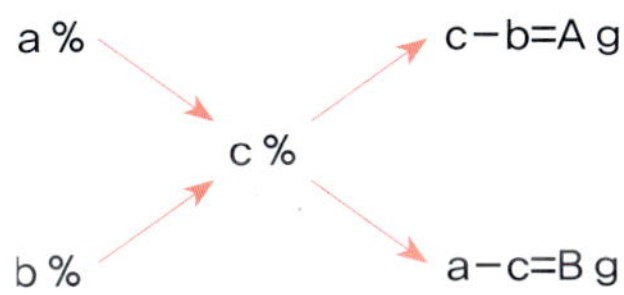

실습하기 1 농도 변경

20 % 수크로오스용액과 10 % 수크로오스용액을 혼합하여 16 % 용액 100 mL를 만들려고 한다. 이때 20 % 수크로오스용액과 10 % 수크로오스용액의 필요량을 구한 후 16 % 수크로오스용액 100 mL를 만드시오.

① 20 % 수크로오스용액 조제작업: 20 % 수크로오스용액 100 mL를 조제하는 데 필요한 수크로오스 양을 계산하여 칭량한 후 증류수에 녹이고 100 mL 메스플라스크에 옮겨 증류수를 가하여 정용한다.

② 10 % 수크로오스용액 조제작업: 10 % 수크로오스용액 100 mL를 조제하는 데 필요한 수크로오스 양을 계산하여 칭량한 후 증류수에 녹이고 100 mL 메스플라스크에 옮겨 증류수를 가하여

정용한다.

③ 16 % 수크로오스용액 100 mL를 만드는 데 필요한 각각의 용액의 양을 계산한다.

20 % → 16 % → 16 − 10=6 mL × 10=60 mL

10 % → 16 % → 20 − 16= 4 mL × 10=40 mL

10 mL × 10=100 mL

④ 앞의 ③에서 계산된 20 % 수크로오스용액 60 mL와 10 % 수크로오스용액 40 mL를 혼합하여 16 % 수크로오스용액 100 mL를 조제한다.

⑤ 16 % 수크로오스용액 100 mL가 정확히 만들어졌는지 확인하기 위하여 당도계로 당도를 측정한다.

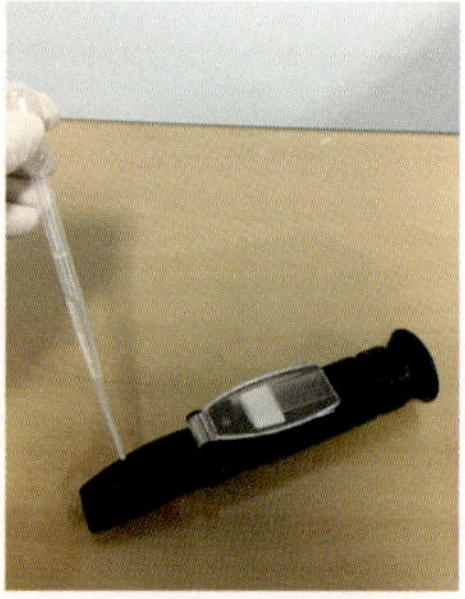

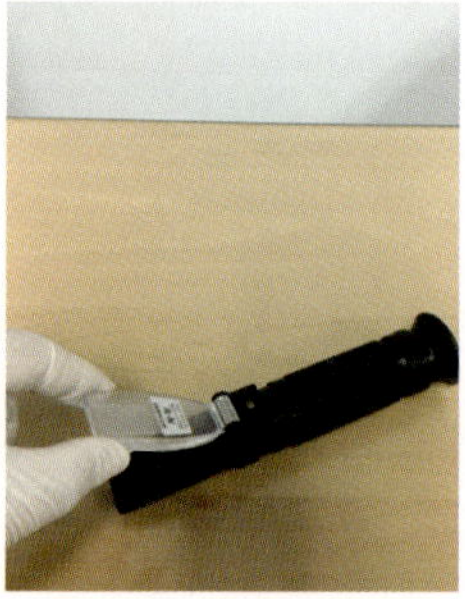

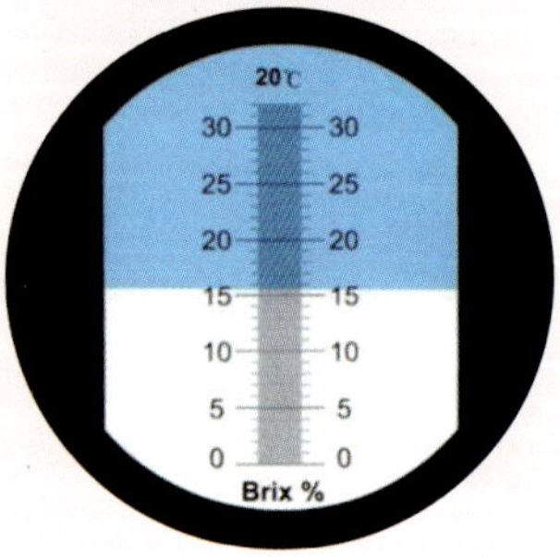

(2) 몰농도와 노르말농도의 변경

① 몰농도와 노르말농도의 경우 기존의 농도 M, N 부피 V의 용액을 낮은 농도의 용액으로 희석하여 용액의 농도 M′, N′의 부피 V′로 변경하려면 다음의 공식을 사용하여 구할 수 있다.

$$MV = M'V'$$
$$NV = N'V'$$

② 10N NaOH을 이용해서 1N NaOH 용액 500 mL 조제하기

- 10N NaOH의 필요량(V′) 계산하기

$$NV = N'V'$$
$$1 \times 500 = 10 \times V'$$
$$V' = \frac{1 \times 500}{10} = 50\ \text{mL}$$

- 10N NaOH 용액 50 mL에 증류수 450 mL를 가하면 1 N NaOH 용액 500 mL가 된다.

3. 표정과 역가

1) 표정

표준용액은 정량분석의 기준용액으로 사용되는 것으로, 주로 노르말농도를 사용하는데 사용하기 전 그 농도를 정확히 알고 있어야 한다. 표준용액의 실제 농도를 결정하는 조작

을 표정이라고 하고, 표정에 사용되는 순수한 물질은 표준물질이라고 한다. 1차 표준물질은 순수한 고체를, 2차 표준물질은 농도를 정확히 아는 표준용액을 사용한다.

2) 역가

표준용액 제조 시, 표준시약을 사용하더라도 칭량에서의 오차로 인해 실제 제조된 노르말농도가 목표로 했던 농도와 다를 수 있다. 실제의 노르말농도를 원하는 소정의 노르말농도로 나눈 값을 역가(factor, F)라고 한다.

$$\text{Factor} = \frac{N}{N_0} \qquad N = N_0F$$

(N: 실제 노르말농도, N_0: 소정 노르말농도)

일반적으로 N_0의 노르말 용액 V_0 mL와 N 노르말 용액 V mL의 당량은 서로 일치하므로, 다음의 식이 성립된다.

$$N_0V_0 = NV$$

$$N_0 = \frac{NV}{V_0}$$

(N: 실제 노르말농도, N_0: 소정 노르말농도, V: N의 부피, V_0: N_0의 부피)

$N = N_0F$이므로 N에 N_0F를 대입하면,

$$F = \frac{V_0}{V}$$

따라서, $F = \frac{N}{N_0} = \frac{V_0}{V}$가 된다.

즉, N_0의 노르말농도에 역가를 곱하면 실제 노르말농도(N)가 되며, 실제 노르말 용액 V mL에 역가를 곱하면 N_0 노르말용액의 V_0 mL가 된다. 소정의 노르말농도보다 진한 농도의 용액(F> 1)을 역가 1로 만들려면 아래와 같은 식을 이용하여 첨가할 증류수의 양을 구한다.

$$N \times V = N'(V + x)$$

(N: 실제 노르말농도, V: N의 부피, N′: 소정의 노르말농도, x: 증류수의 양)

$$\frac{N}{N'} \times V = V + x$$

$$x = \frac{N}{N'}V - V = \left(\frac{N}{N'} - 1\right) \times V$$

$$\left(\frac{N}{N'} = F\text{이므로, 대입하면}\right)\ x = (F - 1) \times V$$

즉, 실제 만들어진 용액 V에 V × (F−1)의 증류수를 추가하면 역가 1의 용액을 만들 수 있다.

- 0.1N NaOH(F = 1.200) 1,000 mL를 역가 1인 NaOH로 만들기
  (1.200 − 1.000)×1,000 = 200 mL의 증류수를 추가하면 된다.

실습하기 2 알칼리 표준용액(0.1N NaOH)의 조제 및 1차 표준물질(옥살산)에 의한 표정

1. 실험 원리

① 0.1N NaOH 용액 1,000 mL 중에는 수산화나트륨(NaOH, 분자량 40.00) 0.1 g 당량인 4.000이 함유되어 있다. 시판 수산화나트륨은 탄산염을 불순물로 함유하고 있어 순도가 90 % 정도이므로 10 % 정도 여유를 둔 4.4 g 정도를 칭량한다.

② 옥살산($H_2C_2O_4 \cdot 2H_2O$, 분자량 126.07)은 이온화되면 2개의 H^+가 나오므로, 옥살산 0.1 g 당량은 $0.1 \times 126.07/2 = 6.3035$ g이 된다.

$$0.1\text{N 옥살산} = \text{옥살산 0.1 g 당량} = \frac{\text{옥살산 0.1 g 당량}}{\text{옥살산 용액 1,000 mL}} = \frac{\text{옥살산 6.3035 g}}{\text{옥살산 용액 1,000 mL}}$$

2. 시약 및 기구

① 시약: 수산화나트륨(NaOH), 옥살산($H_2C_2O_4 \cdot 2H_2O$), 증류수, 0.1 % 페놀프탈레인

② 기구: 메스플라스크(100 mL), 삼각플라스크(100 mL), 뷰렛(25 mL), 뷰렛스탠드, 비커(100 mL), 유리막대, 깔때기, 증류수병, 유산지, 시약스푼, 저울

3. 실험 과정

① 0.1N NaOH 표준용액 100 mL 조제: 시판 수산화나트륨(NaOH)을 약 0.44 g을 칭량하여 비커에 넣고 증류수를 가하여 유리막대로 저어 녹인 후 100 mL 메스플라스크에 넣고, 증류수를 넣어 표선까지 채운 후 혼합한다.

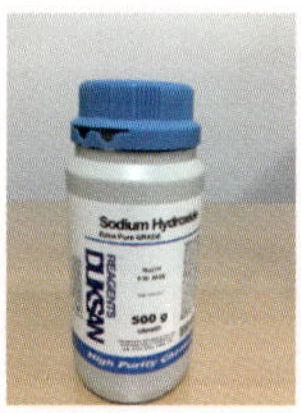
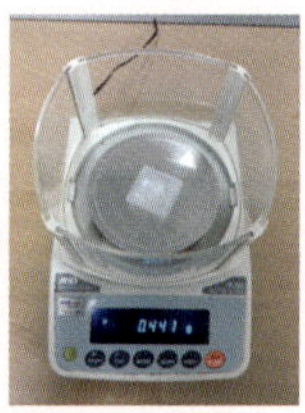

② 0.1N 옥살산 표준물질용액 100 mL 조제: 옥살산($H_2C_2O_4 \cdot 2H_2O$) 0.63035 g의 근사치를 칭량한 후 비커에 넣고 증류수를 가하여 유리막대로 저어 녹인 후 100 mL 메스플라스크에 넣고, 증류수를 넣어 표선까지 채운 후 혼합한다.

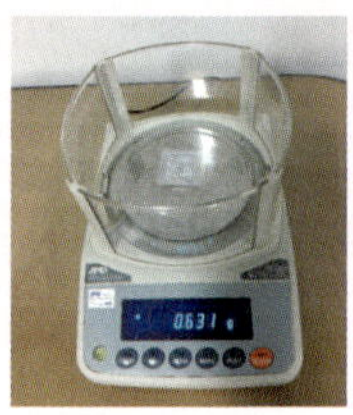

③ 0.1 NaOH 표준용액의 표정: 이전 ②의 옥살산 용액 20 mL를 삼각플라스크에 넣고 페놀프탈레인을 2~3방울 넣는다. ①에서 조제한 0.1N NaOH 용액을 뷰렛에 넣고 분홍색이 될 때까지 적정한다.

4. 결과 및 계산

$$0.1\text{N 옥살산의 Factor} = \frac{\text{옥살산의 실제 사용량}}{0.63035}$$

$$0.1\text{N NaOH의 Factor} = \frac{0.1N\text{ 옥살산 용액(mL)} \times \text{옥살산의 } Factor}{0.1N\text{ NaOH 용액(mL)}}$$

구분	측정 항목	1회	2회	3회
0.1N 옥살산 Factor	옥살산의 실제 사용량(g)			
	0.1N 옥살산의 Factor			
	0.1N 옥살산의 평균 Factor			
0.1N NaOH Factor	0.1N 옥살산의 사용량(mL)			
	0.1N NaOH 사용량(mL)			
	0.1N NaOH Factor			
	0.1N NaOH 평균 Factor			

5. 결론 및 고찰

6. 참고문헌

실습하기 3 알칼리 표준용액의 조제 및 표정 *식품산업기사 실기시험종목

1. 실험 원리

① 0.1N 수산화나트륨(NaOH, 분자량 40.00) 용액 1,000 mL 중에는 수산화나트륨 0.1 g 당량인 4.00이 함유되어 있다. 시판 수산화나트륨에는 탄산염을 불순물로 함유하고 있어 순도가 90 % 정도이므로 10 % 정도 여유를 둔 4.4 g 정도를 칭량하여 개략적인 농도를 가진 표준액을 조제한 다음 표정하여 사용한다.

② 0.1N 염산용액으로 표정하는 방법

$$NaOH + HCl \rightarrow NaCl + H_2O$$

$$NFV = N'F'V'$$

$$F = \frac{N'F'V'}{NV} = \frac{0.1N\ HCl(mL) \times F'}{0.1N\ NaOH\ 용액(mL)}$$

2. 시약 및 기구

① 시약: 수산화나트륨(NaOH), 0.1 N HCl(시판 특급, factor 적힌 것), 0.1 % 페놀프탈레인

② 기구: 피펫(10 mL), 피펫에이드, 비커(100 mL), 메스실린더(100 mL), 메스플라스크(100 mL), 삼각플라스크(100 mL), 뷰렛(25 mL), 뷰렛스탠드, 유리막대, 깔때기, 증류수병, 유산지, 시약스푼, 저울

3. 실험 과정

① 시판 수산화나트륨(NaOH) 약 0.44 g을 칭량하여 비커에 넣고 증류수를 가하여 유리막대로 저어 녹인 후 100 mL 메스플라스크에 넣고 잘 섞는다.

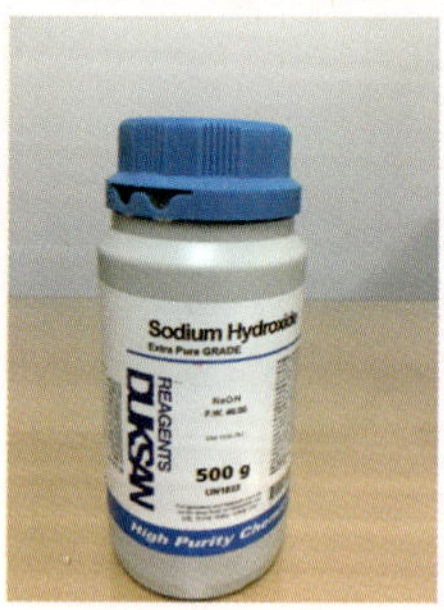

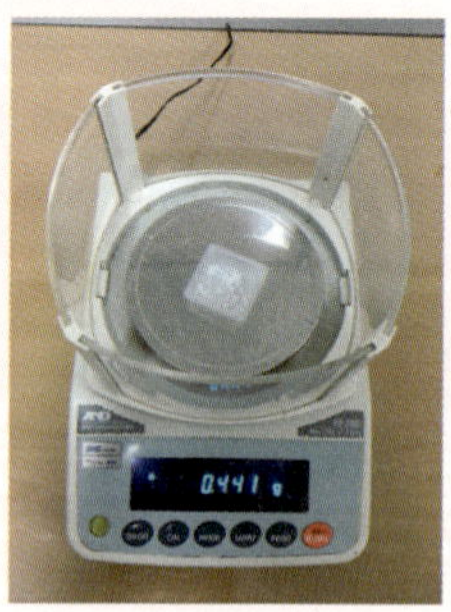

② Factor를 알고 있는 0.1N HCl 20 mL를 삼각플라스크에 넣는다.

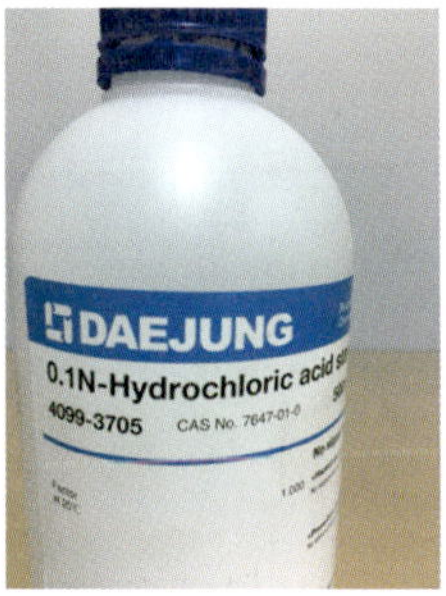

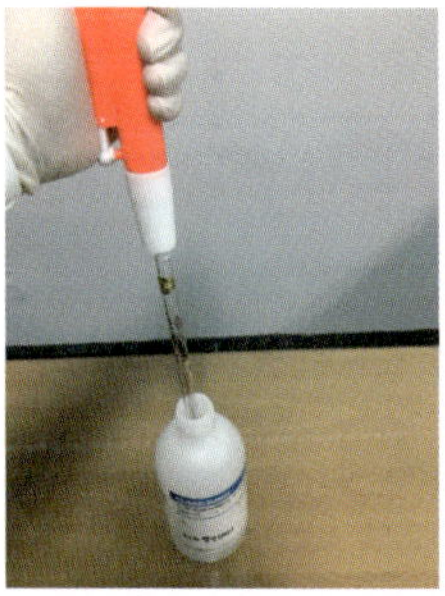
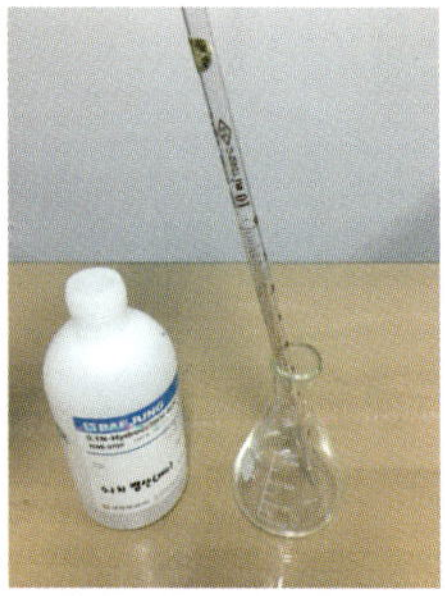

③ 앞서 ②의 삼각플라스크에 0.1 % 페놀프탈레인 2～3방울을 넣는다.

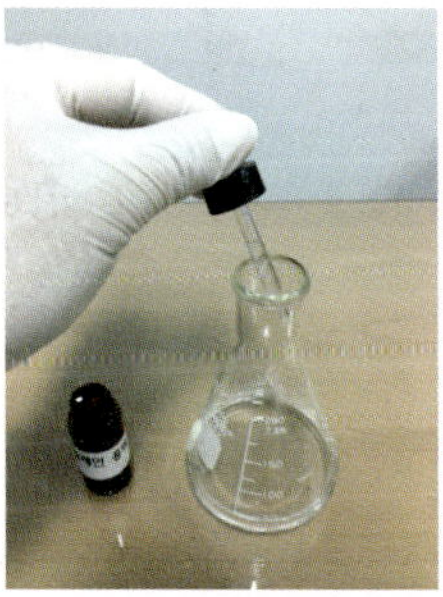

④ 앞서 ①에서 조제한 0.1N NaOH 용액을 뷰렛에 넣고 분홍색이 될 때까지 적정한다.

4. 결과 및 계산

$$0.1\text{N NaOH 용액의 Factor} = \frac{0.1\text{N HCl용액의 채취량} \times 0.1\text{N HCl 용액의 } \textit{Factor}}{0.1\text{N NaOH 용액의 소비량}}$$

※ 실험값을 바탕으로 Factor를 계산하시오.		계산과정 및 답
측정 항목	측정값	
0.1 N HCl 용액의 채취량(mL)		
0.1 N HCl 용액의 Factor		
0.1N NaOH 용액의 소비량(mL)		

5. 결론 및 고찰

6. 참고문헌

ex) 0.1N NaOH의 역가를 제시된 결과에 따라 계산하세요. (소수점 넷째 자리에서 반올림하여 셋째 자리까지 계산하세요.)

측정 항목	측정값	
0.1N HCl 채취량(mL)	20	0.1N NaOH의 Factor $= \frac{(0.1 \times 20 \times 1.000)}{0.1 \times 23}$ $= 0.8695 \fallingdotseq 0.870$
0.1N HCl의 Factor	1.000	
소비된 0.1N NaOH의 양(mL)	23	

실습하기 4 과일 중의 유기산 정량

1. 실험 원리

조제한 알칼리 표준용액을 이용하여 과일 중의 함유된 유기산을 중화적정법으로 구할 수 있다.

① 유기산 계수

식품	밀감류	포도	사과
대표적인 유기산	구연산(citric acid)	주석산(tartaric acid)	사과산(malic acid)
구조식	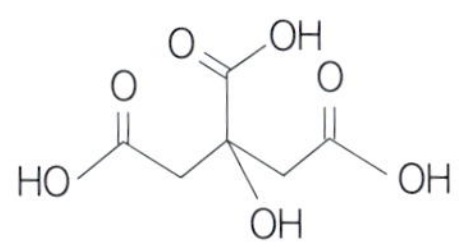	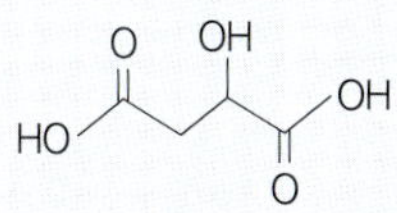	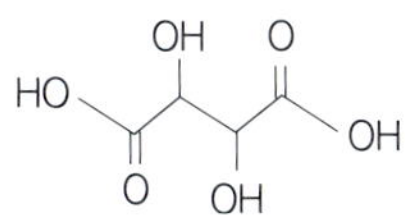
분자량	192	150	134
H^+ 개수	3	2	2
1 g 당량	64	75	67
유기산 계수	0.0064	0.0075	0.0067

② 구연산과 수산화나트륨(NaOH)의 중화 반응식: 구연산은 이온화되면 3개의 H^+가 나오므로, 구연산의 1 g 당량은 1 × 192/3=64 g이 된다. 따라서, 0.1N NaOH 용액 1 mL에 상당하는 구연산의 양은 64/10,000=0.0064가 된다.

$$\begin{array}{l} CH_2COOH \\ | \\ C(OH)COOH \\ | \\ CH_2COOH \end{array} + 3\,NaOH \rightarrow \begin{array}{l} CH_2COONa \\ | \\ C(OH)COONa \\ | \\ CH_2COONa \end{array} + 3H_2O$$

2. 시약 및 기구

① 시료: 밀감

② 시약: 0.1N 수산화나트륨(NaOH), 0.1 % 페놀프탈레인 용액

③ 기구: 피펫(10 mL), 피펫에이드, 삼각플라스크(100 mL), 뷰렛(25 mL), 뷰렛스탠드, 메스플라스

크(100 mL), 증류수병, 깔때기

3. 실험 과정

① 100 mL 메스플라스크에 밀감즙 10～20 mL를 넣고 증류수로 이용하여 100 mL(a)로 정용하여 잘 섞는다.

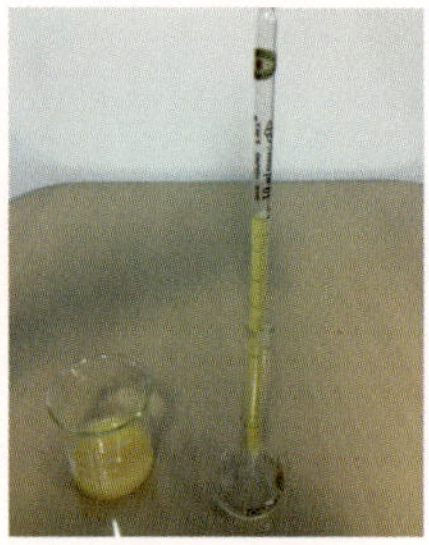

② 삼각플라스크에 피펫으로 ①의 밀감 용액을 25 mL(b)를 취하고, 0.1 % 페놀프탈레인을 2～3방울 넣는다.

③ 뷰렛에 0.1N NaOH 표준용액을 넣고 분홍색이 될 때까지 적정한다.

4. 결과 및 계산

$$식품\ 중의\ 유기산\ 함량(\%) = \frac{V \times F \times A \times D}{S} \times 100$$

V: 0.1N NaOH의 소비량(mL), F: 0.1N NaOH의 Factor, A: 0.1N NaOH 용액 1 mL에 상당하는 유기산의 양(유기산 계수), D: 희석 배수, S: 시료의 양

측정 항목	밀감		
	1회	2회	3회
0.1N NaOH의 소비량(mL)			
0.1N NaOH의 Factor			
희석배수(a/b)			
시료의 양(mL)			
유기산 종류			
유기산 계수			
유기산 함량(%)			
평균 유기산 함량(%)			

5. 결론 및 고찰

6. 참고문헌

실습하기 5 총산도 측정

1. 실험 원리

총산은 식품 100 mL에 들어있는 산의 양을 나타낸다. 총산의 계산 시 식품의 종류에 따라 유기산 계수는 달라진다.

① 유기산 계수

식품	식초	요구르트	청주
대표적인 유기산	초산(acetic acid)	젖산(lactic acid)	호박산(succinic acid)
구조식	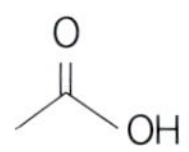	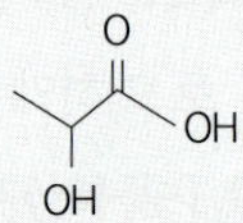	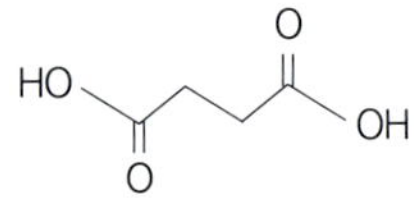
분자량	60	90	118
H^+ 개수	1	1	2
1g 당량	60	90	59
유기산 계수	0.0060	0.0090	0.0059

② 초산과 수산화나트륨(NaOH)의 중화 반응식: 초산은 이온화되면 1개의 H^+가 나오므로, 구연산의 1 g 당량은 1×60/1=60 g이 된다. 따라서, 0.1N NaOH 용액 1 mL에 상당하는 구연산의 양은 60/10,000=0.006이 된다.

$$CH_3COOH + NaOH \rightarrow CH_3COONa + H_2O$$

2. 시약 및 기구

① 시료: 식초

② 시약: 0.1N 수산화나트륨(NaOH), 0.1 % 페놀프탈레인 용액

③ 기구: 피펫(10 mL), 피펫에이드, 삼각플라스크(100 mL), 뷰렛(25 mL), 뷰렛스탠드, 메스플라스크(100 mL), 증류수병, 깔때기

3. 실험 과정

(1) 시료용액의 조제

식초 5 mL를 피펫으로 정량하여 100 mL(a) 메스플라스크에 넣는다. 증류수를 표선까지 채우고 뚜껑을 닫은 후 잘 섞어준다.

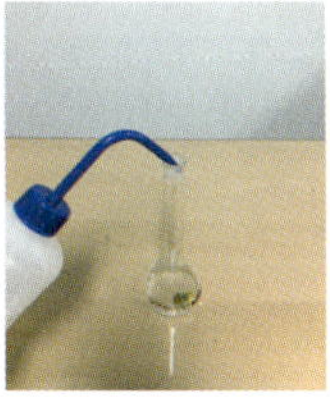

(2) 유기산 정량

① 100 mL 삼각플라스크에 시료용액 20 mL(b)를 취한 후 0.1 % 페놀프탈레인을 2~3방울 가한다.

② 뷰렛에 0.1N NaOH 표준용액을 넣고 분홍색이 될 때까지 적정한다.

4. 결과 및 계산

$$식품\ 중의\ 유기산\ 함량(\%) = \frac{V \times F \times A \times D}{S} \times 100$$

V: 0.1N NaOH의 소비량(mL), F: 0.1N NaOH의 Factor, A: 0.1N NaOH 용액 1 mL에 상당하는 유기산의 양(유기산 계수), D: 희석 배수, S: 시료의 양

※ 실험값을 바탕으로 총산을 계산하시오.		계산과정 및 답
측정 항목	측정값	
0.1N NaOH 용액의 적정 소비량(mL)		
0.1N NaOH 용액의 Factor		
0.1N NaOH 용액 1 mL에 상당하는 유기산의 양		
희석배수(a/b)		
시료의 채취량		

4. 결론 및 고찰

5. 참고문헌

ex) 0.1N NaOH(F=0.9)로 적정한 결과, 10.8 mL가 소비되었다. 식초의 총산도를 계산하시오. (소수점 셋째 자리에서 반올림하여 둘째 자리까지 계산하시오.)

※ 실험값을 바탕으로 총산을 계산하시오.		계산과정 및 답
측정 항목	측정값	총산도(%)=($V \times F \times D \times 0.006 \times 100$)/$S$ =(10.8 mL × 0.9 × 5 × 0.006 × 100)/5 mL =5.832 ≒5.83
0.1N NaOH 용액의 적정 소비량(mL)	10.8	
0.1N NaOH 용액의 Factor	0.9	
0.1N NaOH 용액 1 mL에 상당하는 유기산의 양	0.006	
희석배수	5(100/20)	
시료의 채취량	5	

MEMO

Ex20°C
100ml ±1ml
500 ml
APPROX.
mL 0
±5%

PART 2

식품의 일반성분 분석

CHAPTER 5

수분 정량

수분 함량은 제품의 가공성, 저장성 및 품질에 영향을 미친다. 그러므로 정확한 수분 정량은 식품뿐만 아니라 제약 및 화학 등의 많은 분야에서 품질을 보장하는 데 매우 중요하다. 또한 특정 제품의 허용 가능한 최대 수분 함량은 식품공전 등의 법규를 통해 규정될 수 있다. 건조법을 이용한 수분 정량 시에는 반드시 ① 수분이 유일한 휘발성분이어야 하고 ② 수분이 제거될 때 화학변화가 있더라도 결과에는 큰 영향이 없어야 하며, ③ 수분은 완전히 제거되어야 한다. 일반적으로 수분 측정에 많이 이용되는 방법은 건조법, 증류법 및 칼피셔법 등이 있다.

1. 건조법

건조법은 일정량의 시료에서 수분을 증발에 의해 제거한 후 감소되는 양을 수분량으로 산출하는 방법이다. 건조법에는 상압가열건조법, 감압가열건조법, 적외선 수분측정법 등이 있다.

1) 상압가열건조법

상압가열건조법은 측정 원리가 간단하여 여러 가지 식품분석에 많이 사용된다. 시료를 물의 끓는점보다 약간 높은 온도인 105 ℃로 상압건조시켜 그 감소되는 양을 수분량으로 한다. 건조 후 시료의 칭량은 소정시간 후 건조기로부터 꺼내 데시케이터로 옮겨 실온에 방치한 후 실시한다. 이것을 전후 중량의 차가 거의 없을 때까지, 즉 항량이 될 때까지 반복 시행한다. 일반적으로 전후의 무게차가 0.2 mg 이하로 되면 항량으로 간주한다.

(1) 수분함량이 적은 시료(곡류, 두류, 과자류 등)

미리 105～110 ℃에서 건조시킨 후 항량을 구한 칭량병에 5～10 g의 시료를 정확히 칭량한 후 105～110 ℃ 항온건조기에서 칭량병의 뚜껑을 열어 2～3시간 건조시킨다. 이후, 뚜껑을 닫고 데시케이터에서 실온이 될 때까지 방냉하여 칭량한다. 이와 같이 가열, 방냉, 칭량을 반복하여 항량을 구하고 건조 전후의 중량의 차를 수분함량으로 한다.

(2) 수분함량이 많은 시료(육류, 채소류, 과실류 등)

조금 다량의 시료를 칭량하여 이를 얇게 잘라 풍건시키거나 40～60 ℃의 저온에서 예비건조시킨다. 이후 유발과 유봉을 이용하여 균일하고 잘게 분쇄하여 5～10 g의 시료를 항량을 구한 칭량병에 넣어 105～110 ℃에서 가열, 방냉, 칭량을 통해 수분함량을 측정한다.

(3) 액체 또는 점질상의 시료(우유, 물엿, 시럽 등)

액체 식품이나 가열할 때 융해되는 식품들은 그대로 가열하면 표면에 굳은 피막을 형성하여 수분 증발을 방해하는 경우가 있다. 따라서, 정제해사나 규조토와 같은 건조 보조제와 혼합하여 식품의 수분 증발 면적을 증가시키면 효과적으로 건조시킬 수 있다. 정제해사나 규조토 10～30 g 및 작은 유리막대를 칭량접시에 놓고 100～105 ℃의 항온건조기에서 건조시켜 미리 항량을 구한다. 이것에 2～20 g의 시료를 섞은 후 수욕상에서 유리막대로 잘 저어주면서 풀 모양이 될 때까지 수분을 증발·건조시킨다. 이후 105～110 ℃에서 가열, 방냉, 칭량하여 수분함량을 측정한다.

2) 감압가열건조법

감압가열건조법은 감압에 의해 100 ℃ 이하의 온도에서 시료 중의 수분을 완전히 제거시킬 수 있기 때문에 공기에 의한 산화와 열분해를 최소화할 수 있다. 열에 안정한 식품은 95∼100 ℃에서, 열에 불안정한 식품은 60∼70 ℃에서 가열, 방냉, 칭량하여 수분함량을 측정한다.

3) 적외선 수분 측정법

적외선 수분 측정기는 천칭 위에 놓인 시료를 적외선램프를 통해 가열하여 수분을 증발시켜 그 건조감량을 직접 수분함량으로 보여주는 기기이다. 적외선의 복사열과 직진성에 따라 시료를 가열함으로써 효율적으로 수분을 증발시킬 수 있다. 이 방법은 신속하고 정확하게 수분을 정량할 수 있고 측정값을 직접 읽을 수 있으며 온도도 임의로 조절할 수 있는 장점이 있다. 하지만, 시료의 입도, 색상이 다른 경우 열의 흡수 및 반사가 달라져 건조 조건을 다르게 해야 하며 한꺼번에 많은 양의 시료를 처리하지 못하는 단점이 있다.

2. 증류법

증류법은 물과 혼합되지 않고 비중이 물보다 가벼운 유기용매를 이용한다. 시료를 이와 같은 유기용매와 함께 가열하면 시료 중의 수분이 용매 증기와 함께 혼합 증기로 증류된다. 이 증기를 냉각관을 통해 냉각시키면 액화되면서 눈금이 있는 냉각관에 모이는데 이때 수분층과 유기용매층이 분리되고 수분층만의 용량을 측정하여 수분함량을 계산할 수 있다. 열에 불안정한 성분을 많이 함유한 식품은 비점이 낮은 용매를 선택해야 한다.

증류법은 수분 이외의 휘발성분을 함유하고 있는 식품에 적합하고, 시료 중의 지방산화를 막을 수 있으므로 유지를 많이 함유하는 식품에 효과적이다. 탈수 속도를 알 수 있고 복잡하고 값비싼 기구를 필요로 하지 않으며, 비교적 간편하다는 장점이 있지만, 용기를 청결하게 관리해야 하고 다수의 시료를 동시에 분석하기 어려우며, 건조법에 비해 정밀하지 못하다는 단점이 있다.

3. 칼피셔법

칼피셔법(Karl Fisher)은 메탄올 등의 저급알코올 및 피리딘 등의 유기염기 존재 하에서 물이 요오드 및 이산화황과 아래와 같은 반응식으로 정량적으로 반응하는 것을 이용하여 수분을 측정하는 방법이다.

$$H_2O + I_2 + SO_2 + 3C_5H_5N \rightarrow 2(C_5N_5N^+H)I^- + C_5H_5N \cdot SO_3$$

$$C_5H_5N \cdot SO_3 + CH_3OH \rightarrow (C_5H_5N^+H)O^-SO_2 \cdot OCH_3$$

$$H_2O + I_2 + SO_2 + 3C_5H_5N + CH_3OH \rightarrow 2(C_5H_5N^+H)I^- + (C_5H_5N^+H)O^-SO_2 \cdot OCH_3$$

측정법에는 용량적정법과 전량적정법이 있다. 용량적정법은 반응에 필요한 요오드를 수분측정용 시액 중에 녹이고 검체 중의 물과 반응하여 소비된 요오드의 적정량으로부터 수분을 측정하는 방법이다. 전량적정법은 요오드화물 이온을 함유한 수분측정용 시액을 전해하여 요오드를 발생시킨 다음 요오드가 정량적으로 물과 반응하는 것을 이용하여 전해에 필요한 전기량으로부터 수분을 측정하는 방법이다.

실습하기 상압가열건조법을 이용한 수분 정량 *식품산업기사 실기시험종목

1. 실험 원리

이 방법은 식품에 존재하는 수분을 항온건조기에서 105 ℃로 가열하여 수분을 제거한 후 그 건조감량을 측정하는 방법이다. 식품 중에는 결합수와 자유수가 있는데, 이 중 자유수만이 제거된다. 또한, 이렇게 증발된 것이 수분 이외에 휘발성 성분 및 기타 물질이 있을 수 있기 때문에 조수분이라 한다.

2. 시약 및 기구

① 시료: 분말시료(분유, 밀가루 등)

② 기구: 칭량병, 도가니 집게, 밧트, 항온건조기, 데시케이터, 저울, 유발, 유봉, 시약스푼

3. 실험 과정

(1) 칭량접시의 항량 작업

① 건조기를 105 ℃로 맞춘다.

② 칭량병을 뚜껑을 열고 4시간 건조시킨 후 데시케이터에서 15~30분 동안 방냉한다.

③ 항량에 도달할 때까지 가열, 방냉을 반복한다(W_0).

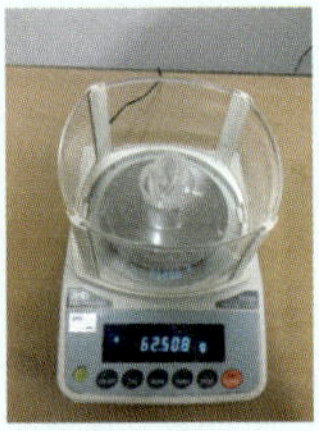

(2) 시료의 전처리 및 칭량작업

① 시료의 표면적이 넓어져 건조효율이 좋아지도록 시료를 분쇄한다.

② 시료 3~5 g을 항량이 된 칭량병에 넣는다.

③ 시료가 들어있는 칭량병의 무게를 칭량한다(W_1).

(3) 시료의 건조 및 항량작업

① 105 ℃의 항온건조기 내에 시료가 있는 칭량병의 뚜껑을 약간 열어 넣고 3~5시간 건조한다.

② 건조기에서 칭량병을 꺼내 데시케이터 안에서 뚜껑을 닫은 채로 30분간 방냉한다.

③ 데시케이터에서 꺼내 칭량한다.

④ 다시 칭량병을 1~2시간 건조하여 항량이 될 때까지 방냉, 칭량의 조작을 반복한다(W_2).

(4) 식품 중의 수분의 양(%)을 계산

4. 결과 및 계산

$$수분(\%) = \frac{W_1 - W_2}{W_1 - W_0} \times 100$$

W_0: 칭량병의 무게(g), W_1: 건조 전 칭량병과 시료의 무게(g), W_2: 건조 후 칭량병과 시료의 무게(g)

※ 실험값을 바탕으로 수분함량을 계산하시오.		계산과정 및 답
측정 항목	측정값(g)	
칭량병 무게		
건조 전 시료와 칭량병의 무게		
건조 후 시료와 칭량병의 무게		

5. 결론 및 고찰

6. 참고문헌

ex) 수분 함량을 제시된 실험 결과에 따라 계산하시오. (소수점 셋째 자리에서 반올림하여 둘째 자리까지 계산하시오.)

측정 항목	측전값(g)	수분 함량(%)
칭량병 무게(W_0)	25.1234	$\frac{W_1 - W_2}{W_1 - W_0} \times 100$ $= \frac{31.4321 - 30.5341}{31.4321 - 25.1234} \times 100 = 14.234$ $\fallingdotseq 14.23\ \%$
건조 전 시료와 칭량병의 무게(W_1)	31.4321	
건조 후 시료와 칭량병의 무게(W_2)	30.5341	

CHAPTER 6

단백질 분석

1. 단백질 정성

1) 뷰렛반응(Biuret test)

(1) 실험 원리

뷰렛반응은 단백질이나 펩타이드(peptide) 결합을 확인하는 정성실험이다. 단백질 용액에

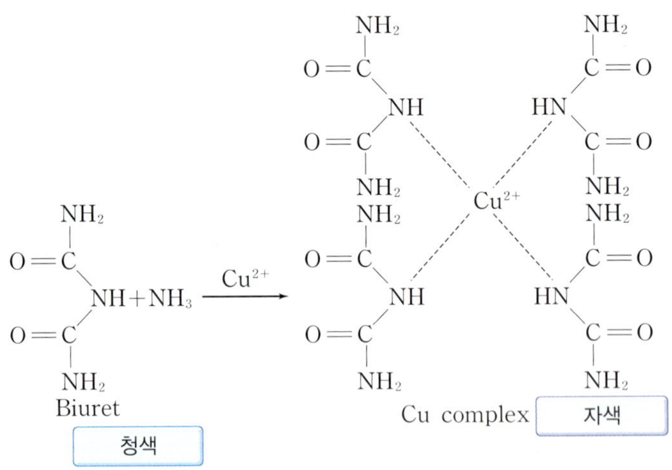

반응구조

알칼리 용액(NaOH)을 반응시키면 아미노기의 수소이온이 제거되는데 여기에 $CuSO_4$를 가하면 구리 이온과 참염이 형성되어 자색을 나타낸다. 이 반응은 단백질뿐만 아니라 프로테오스, 펩톤, 펩티드 등의 단백질 분해산물과 트리펩티드 이상의 펩타이드 결합을 가진 물질에서 일어나며 다이펩타이드 이하의 결합을 가진 물질과는 반응이 일어나지 않는다.

(2) 실험 기구 및 시약

① **실험 기구**: 시험관, 피펫

② **실험 시약**

- 시료: A(1 % 펩톤) 용액, B(증류수) 용액
- 시약: 1 % $CuSO_4$, 10 % NaOH

(3) 실험 방법

① 시료 3 mL를 각각 시험관에 취한다.

② 위 ①의 시험관에 1 % $CuSO_4$ 용액 3 mL를 가하여 잘 섞는다.

③ 위 ②의 시험관에 10 % NaOH 용액 3∼5 mL를 가하여 잘 섞는다.

④ 정색반응을 확인한다.

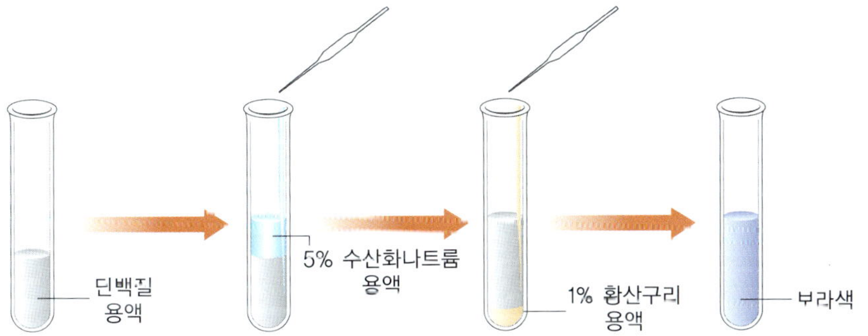

그림 6-1
실험 방법 도식

(4) 실험 결과

단백질을 포함한 용액은 펩타이드 결합을 다수 가지고 있어서 구리 이온과 정색반응이 나타나 보라색이 된다.

2) 닌히드린 반응(Ninhydrin test)

(1) 실험 원리

아미노기(−NH_2)와 닌히드린 시약이 반응하여 나타나는 정색반응으로 단백질뿐만 아니라 유리 아미노산 및 펩티드를 비롯한 아민류, 암모니아와도 반응한다. 매우 민감한 반응으로 아미노산과 단백질 및 펩타이드 결합 물질의 정성과 정량에 널리 이용된다.

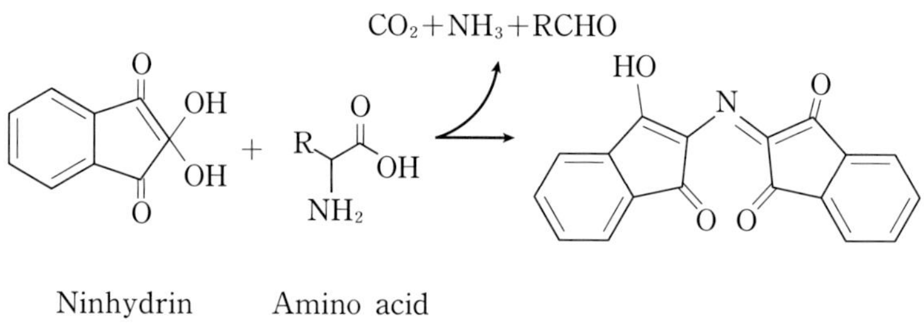

반응구조

(2) 실험 기구 및 시약

① **실험 기구**: 시험관, 피펫, 비커, 핫플레이트(혹은 알코올램프)

② **실험 시약(1% ninhydrin)**: Hg 4 g을 HNO_3 6 mL에 가온하여 용해시킨 다음 12 mL의 증류수를 가하고 여과지로 여과한다.

(3) 실험 방법

① 시료 3~5 mL를 시험관에 취한다.

② 위 ①의 시험관에 ninhydrin 시약 1 mL를 가하면 백색 침전이 생성된다.

③ 위 ②의 시험관을 60~70 ℃로 가온하여 정색반응을 확인한다.

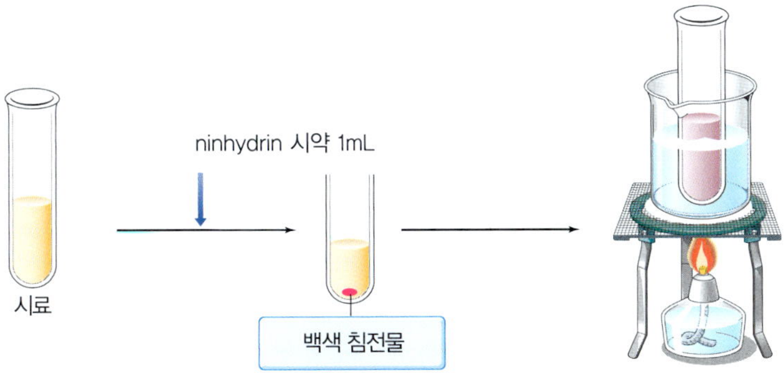

그림 6-2
실험 방법 도식

(4) 실험 결과

아미노기를 가진 시료의 경우 적자색을 나타낸다.

3) 산토프로테인 반응(Xanthoprotein test)

(1) 실험 원리

시료에 소량의 질산을 가하면 백색의 침전물이 생기며 몇 분간 가열하면 침전이 녹아 황색을 나타낸다. 이를 방랭시킨 뒤, 다시 알칼리성인 NH_4OH나 NaOH 용액을 가하면 진한 주황색으로 변한다. 이 반응은 단백질 중의 tyrosine, tryptophan, phenylalanin 등의 방향족 아미노산의 벤젠고리가 질산에 의해 황색의 nitro화합물이 되기 때문이다. 따라서 단백질 가운데 방향족 아미노산을 함유하지 않은 단백질의 경우 이러한 정색반응을 일으키지 않는다.

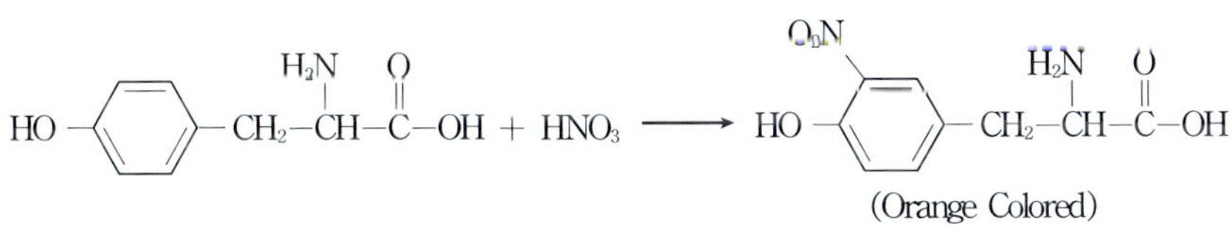

반응구조 (자료: https://www.onlinebiologynotes.com)

(2) 실험 기구 및 시약

① **실험 기구**: 시험관, 피펫, 비커, 핫플레이트(혹은 알코올램프)

② **실험 시약**: 진한 질산(HNO_3), 진한 암모니아수(NH_4OH)

③ **실험 재료**: 난백

(3) 실험 방법

① 시험관에 시료 5 mL에 진한 HNO_3 2 mL를 가하면 황색이 된다.

② 위 ①의 시험관을 냉각하고 NH_4OH 2 mL를 가한다.

③ 주황색의 정색반응을 확인한다.

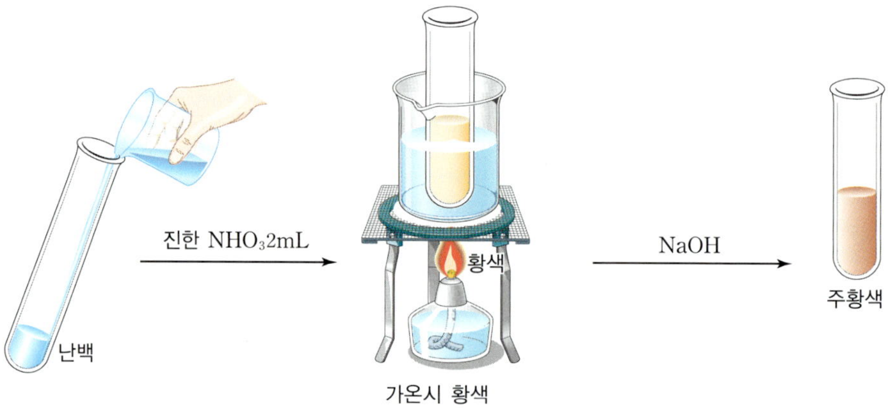

그림 6-3
반응 구조

(4) 실험 결과

시료의 단백질 중에 방향족 아미노산이 존재하는 경우 주황색의 정색반응이 나타난다.

2. 조단백질 정량

1) Kjeldahl 질소 정량법의 실험 원리

단백질은 식품을 구성하는 다른 성분들과는 달리 질소를 함유하고 있는 것이 특징이다. 단백질은 평균적으로 16 %의 질소를 함유하고 있기 때문에 식품 중의 단백질량은 총 질소 함량을 구하고 그 값에 계수인 6.25(100/16)를 곱하여 산출하며 이 계수를 질소계수라 한다. 그러나 식품 중에는 질소를 함유하고 있지만 아미노산, amide 화합물, 암모니아 화합물, purine염기, creatine 등과 같이 단백질이 아닌 비단백태의 질소화합물이 존재한다. 단백질의 종류에 따라서 질소화합물의 조성이 다르기 때문에 총 질소 함량에 6.25를 곱한 수치가 순 단백질 양을 의미하는 것은 아니다. 따라서 이 값은 단백질 함량이 아닌 조단백질 함량을 의미한다. 식품 중의 질소계수는 표 6-1에 표기된 바와 같으며, 구성성분이 불명확하거나 환산계수 표에 기재되지 않은 식품의 경우 6.25를 일반적으로 곱하여 조단백질 함량을 산출한다.

질소를 이용한 조단백질 정량법으로 Kjeldahl 질소 정량법이 일반적으로 많이 이용되며, 이는 분해, 증류, 중화, 적정 등의 네 단계를 거쳐 정량한다.

(1) 분해

단백질 시료에 진한 황산과 분해 촉진제를 가하여 가열하면 식품성분 가운데 유기물은 황산에 의해 탈수탄화와 산화환원반응이 일어나며 단백질 중 질소는 정량적으로 암모니아가 되고 플라스크에서 황산과 반응하여 황산암모늄의 형태로 분해액 중에 포집된다.

$$\text{함질소화합물} + \text{진한 } H_2SO_4 \rightarrow (NH_4)_2SO_4 + SO_2 + CO_2 + CO + H_2O$$

표 6-1 식품 중의 질소-단백질 환산계수

구분	식품	질소계수
동물성 식품	육류	6.25
	우유, 유제품, 마가린	6.38
	달걀	6.25
곡류	밀가루(전립)	5.83
	밀 배유	5.70
	쌀	5.95
	보리, 귀리	5.83
	옥수수, 수수	6.25
	국수, 마카로니, 스파게티	5.70
두류	콩 및 콩제품	5.71
	땅콩	5.45
견과류	밤, 참깨, 호박씨, 목화씨, 해바라기씨, 호두	5.30

(2) 증류

분해액의 일정량에 과잉의 진한 수산화나트륨(30% NaOH)을 가하고 가열하면 암모니아가 발생하여 증류하게 된다. 즉 황산암모늄 형태의 암모니아가 분리된다.

$$(NH_4)_2SO_4 + 2NaOH \rightarrow 2NH_3 + Na_2SO_4 + 2H_2O$$

(3) 중화

유출된 암모니아를 규정 산용액(0.1N H_2SO_4) 중에 포집한다.

$$2NH_3 + H_2SO_4(\text{과잉}) \rightarrow (NH_4)_2SO_4 + H_2SO_4(\text{잔여})$$

(4) 적정

잔존하는 황산을 규정 알칼리용액(0.1N NaOH 또는 0.05N NaOH)으로 적정하여 암모니아와 반응하여 소비된 황산량을 구한다.

$$H_2SO_4(\text{잔여}) + 2NaOH \rightarrow Na_2SO_4 + 2H_2O$$

2) 실험 기구 및 시약

(1) 실험 기구

① **분해**: Kjeldahl 분해장치, Kjeldahl 플라스크, 유리 피펫, 유산지

② **증류장치**: Micro Kjeldahl 증류장치

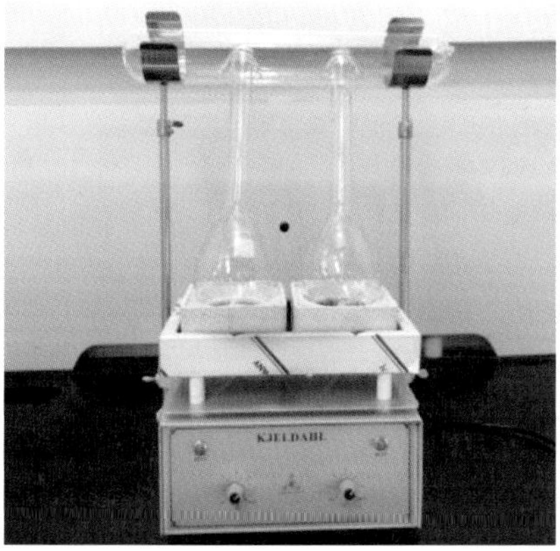

Kjeldahl 분해대

Kjeldahl 플라스크

(2) 본 교재에서는 micro Kjeldahl 증류장치를 사용하여 실험하였다.

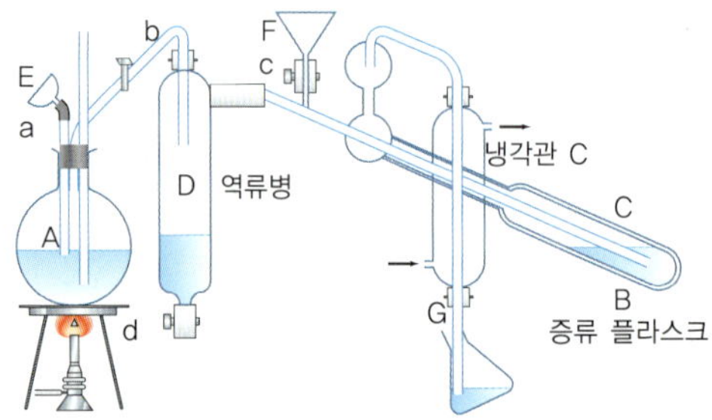

그림 6-4 Semimicro Kjeldahl 증류장치

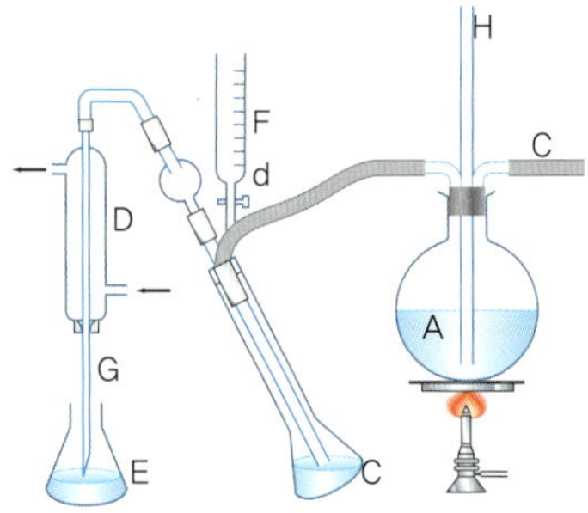

그림 6-5 Macro Kjeldahl 증류장치

(3) 실험 시약

① **진한 황산**

② **분해 촉진제:** 분해촉진제는 비등점을 높여주는 역할을 하며 K_2SO_4와 $KuSO_4$를 9:1비율로 섞어 실험에 1~2 g 취해 사용한다.

③ **혼합지시약(Brunswik 시액):** Methyl red 0.1 g을 60 % 에탄올 10 mL에 녹이고, Methylene blue 0.1 g을 95 % 에탄올 10 mL에 녹인다. 제조한 Methyl red 용액과 Methylene blue를 2:1 비율로 섞어 완성한다.

④ **30 % NaOH**

⑤ **0.1N H_2SO_4**: 정확히 표정하여 조제된 시약이나 적정용 시약

⑥ **0.05N NaOH**: 정확히 표정하여 조제된 시약이나 적정용 시약

3) 실험방법

(1) 분해

① 시료(밀가루)를 정확하게 칭량하여 200 mL Kjeldahl 플라스크에 담는다. 이때 시료가 플라스크 벽에 묻어 손실되는 것을 방지하기 위하여 시료를 유산지로 감싸서 넣는다.

② Kjeldahl 플라스크에 분해 촉진제 2 g과 진한 황산 20 mL를 넣어 후드 내의 Kjeldahl 분해장치를 이용해 가열한다. 다른 Kjeldahl 플라스크에는 시료 없이 공시험(blank test)을 실시한다.

■ 공시험을 실시하는 이유: 시료로 분석할 때 쓰는 시약, 용기, 분해 촉진제 등에서 나오는 불순물에 의해서 생기는 외부적 오차를 없애기 위하여 실시한다.

시료와 분해촉매제 첨가

분해 초기

③ 분해가 진행되면 연기와 재가 발생하는데 거품이 발생하지 않고 담록색의 투명한 액이 된다. 이 시점에서 40분간 더 가열한다(본 실험 플라스크 기준).

④ 분해가 완료되면 10～15분 동안 방랭시켜 발열반응을 줄이고 약 20 mL 정도의 증류수를 천천히 가한다.

⑤ 위 ④의 용액을 100 mL 메스플라스크에 증류수로 씻어 옮기고, 표준선까지 증류수를 채워 100 mL로 만든다.

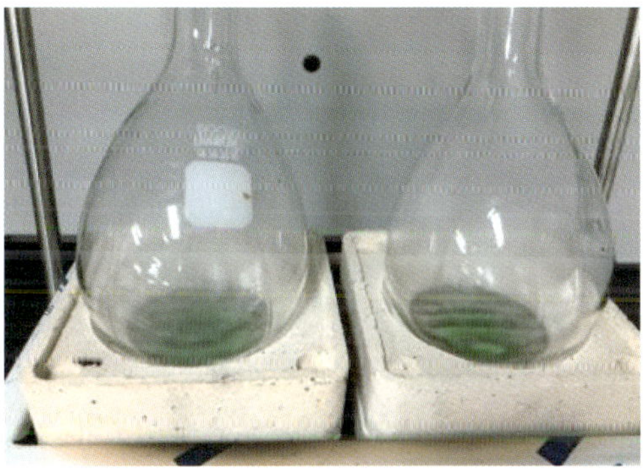

담록색의 분해액

메스플라스크로 옮김

(2) 증류 및 중화

① A플라스크에 증류수를 넣고 비등석과 진한 황산 몇 방울을 가해 A플라스크에서 나오는 증기가 미산성이 되게 한다.

- 증기를 미산성이 되게 하는 이유: 암모니아는 냉각관을 통하여 G플라스크에 포집되어야 하는데 산성의 증기인 경우 휘발되는 유리 암모니아를 막을 수 있어 실험의 오차를 줄일 수 있다.

② F깔때기를 통해 분해한 시료를 피펫을 이용하여 25 mL (공시험 분해액도 동일하게 진행)를 정확하게 넣고, 30 % NaOH 20 mL를 가한다. 그리고 G부분의 삼각플라스크에 0.1N H_2SO_4 25 mL를 가하고, 혼합지시약 2～3방울을 넣고 냉각관 끝 부분(G)이 황산에 잠기도록 고정한다.

③ 코크 b를 열고 코크 a와 코크 c를 닫고 열을 가해 15～20분간 증류한다. 이 과정에서 분해액은 회갈색으로 변한다.

④ G삼각플라스크를 냉각관 끝에서 약간 떼어내어 2～3분간 증류한다.

⑤ 냉각관 끝부분을 소량의 증류수로 잘 세척해 G삼각플라스크에 받아 미량의 암모니아가 휘발되는 것을 방지한다.

⑥ 역류를 방지하기 위하여 G삼각플라스크를 떼어내고 불을 약하게 한 다음 코크 a는 열고 코크 b를 닫아 증류 플라스크 액을 역류병 D로 역류시킨다.

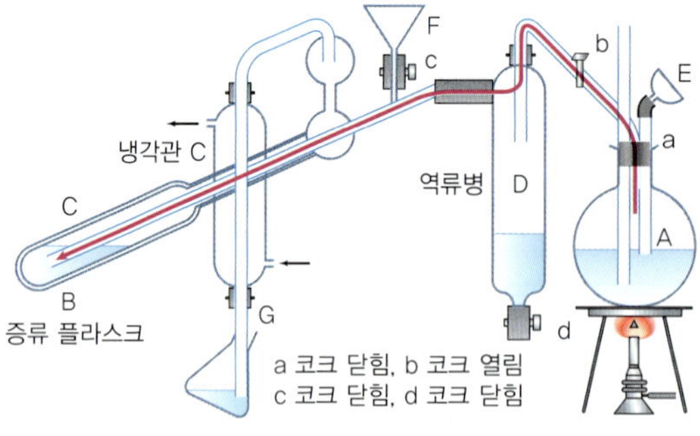

그림 6-6 증류과정에서의 코크 작동과 증기 이동 경로

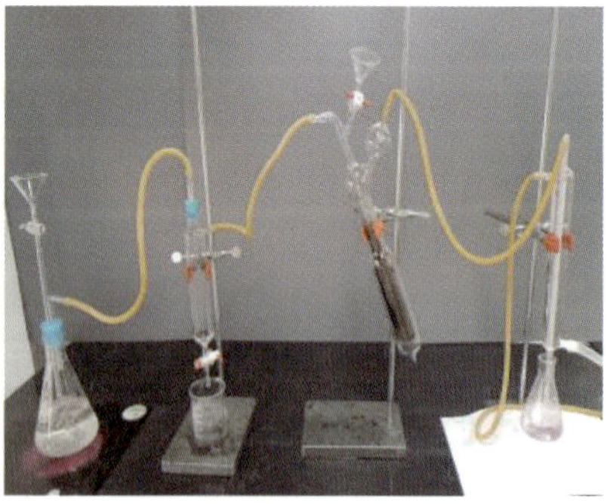

증류과정

(3) 적정

① 증류과정을 통하여 G삼각플라스크에 포집된 암모니아에 의하여 중화되고 남은 과잉의 H_2SO_4를 0.05N NaOH로 적정한다.

② 종말점은 적정액이 자색에서 회색이 되는 지점을 종말점으로 하며 종말점이 지나면 녹색으로 변하기 때문에 색 관찰에 주의한다.

- 종말점을 쉽게 지나쳐 회색을 육안으로 확인하기 힘들기 때문에 연록색이 되는 지점으로 관찰한다.

적정 전　　　　적정 후

적정 사진

(4) 세정

① G삼각플라스크를 떼어내고 불을 약하게 한 다음 코크 a는 열고, 코크 b는 닫아 증류플라스크 액을 역류병 D로 역류시킨다. 역류가 끝나면 코크 d를 열어 역류된 용액을 배출시킨다. 이때 증류 플라스크 압력이 높아 배출이 되지 않는 경우 플라스크에 달린 깔때기 코크(c)를 열어 압력을 낮춘 후 배출시킨다.

② F깔때기를 통해 증류수를 넣어 가열한 뒤 역류병으로 역류시키는 조작을 2회 반복한다.

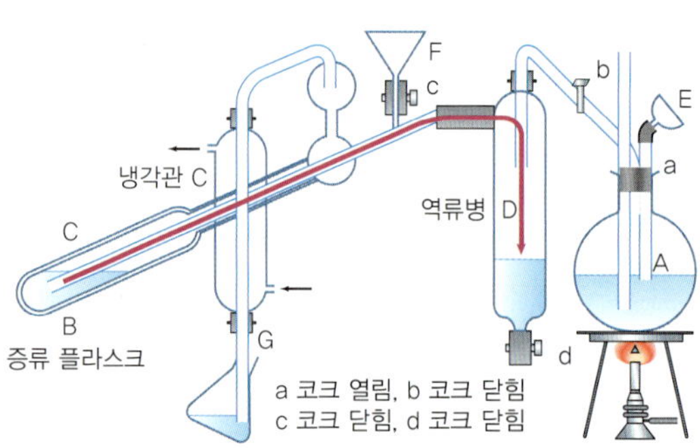

그림 6-7 역류과정에서의 코크 작동과 증기 이동 경로

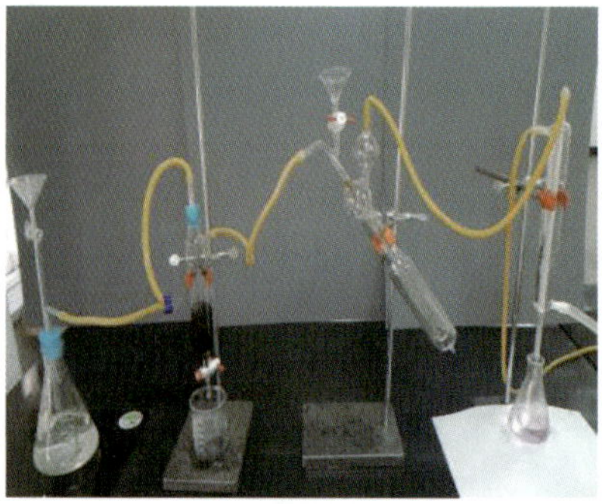

역류과정

4) 결과

$$\text{조단백질(\%)} = \frac{(a-b)\times F\times 0.0007\times V\times \text{질소계수}}{S}\times 100$$

a: 공시험에 대한 0.05N NaOH 용액 양(mL)

b: 본시험에 대한 0.05N NaOH 용액 양(mL)

F: 0.05N NaOH 역가

V: 희석 배수

0.0007: 0.05N NaOH 용액 1 mL에 상당하는 질소 양(g)

S: 시료 채취량(g)

(1) 희석배수

① 본 실험에서는 시료 분해액을 100 mL로 희석시킨 다음 증류 시 25 mL를 사용하였기 때문에 희석배수는 4가 된다.

② 분해액을 희석하지 않고 그대로 증류에 사용할 경우 희석배수를 별도로 곱하지 않는다.

(2) 계수

① 적정용액으로 0.05N NaOH를 사용한 경우 1 mL에 상당하는 질소 양(g)은 0.0007이다.

② 적정용액으로 0.1N NaOH를 사용한 경우 1 mL에 상당하는 질소 양(g)은 0.0014이다.

5) 결과 예시

측정 항목	측정치	계산과정
시료 무게(g)	1.02	조단백질(%) = $\frac{(16.8-14)\times1\times0.0007\times4\times5.83}{1.02}\times100$ = 4.4810... ≒ 4.48
질소계수	5.83	
공시험에 소비된 0.05N NaOH mL 수	16.8	
본시험에 소비된 0.05N NaOH mL 수	14.0	
희석배수	4	
0.05N NaOH의 Factor	1.000	

CHAPTER 7

지질 분석

1. 조지방 정량

1) 속슬렛(Soxhlet) 추출법

(1) 실험의 목적 및 원리

식품의 지방 함량은 순수한 지방만의 함량이 아니라 식품의 지질 부분, 즉 석유에테르(petroleum ether)나 에테르(diethyl ether)와 같은 비극성 유기용매에 용해되는 성분을 측정하는 경우가 대부분이다. 즉 이들 유기용매에 녹는 물질에는 지방 외에도 왁스, 색소류, 지용성 비타민, 알칼로이드, 유기산의 일부가 포함되어 있기 때문에 조지방(crude fat) 또는 에테르 추출물(ether extract)이라고 한다. 식품 지질 분획의 99 % 정도를 지방이 차지하며 순수한 지방보다는 총 지질 함량을 측정하는 것이 수월하므로 식품 성분 분석이 목적인 경우는 일반적으로 지방(fat)이나 지질(lipid)이라는 용어가 구분 없이 사용된다.

조지방 정량에 일반적으로 이용되는 속슬렛(soxhlet) 추출법은 속슬렛 추출장치를 이용하여 에테르를 환류냉각 방식으로 순환시켜 시료 중의 지방을 추출하여 정량하는 방법이며, 주로 생 시료를 분석할 때 이용된다.

추출 플라스크(수기)에 에테르를 넣고 가열하면 에테르 증기가 추출관의 측관을 통해 올라간 후 냉각관에서 응축이 되어 추출관 내의 원통여과지에 있는 시료에 떨어지면서 추출관에 고이게 된다. 시료 중의 지방을 용해시킨 추출관의 에테르가 일정량 이상이 되면 사이폰(siphon) 원리에 의해 추출관의 사이폰 부분을 타고 수기로 내려온다. 수기 중의 에테르는 다시 재증발하여 연속적으로 순환하며 반복적인 과정을 통해 지방을 추출하게 된다. 추출이 끝난 후 수기를 분리하여 모아진 추출물로부터 에테르와 소량의 수분 등의 액체를 건조기에서 증발시킨 후 휘발되지 않고 남은 건조물을 칭량하여 조지방 함량을 구한다.

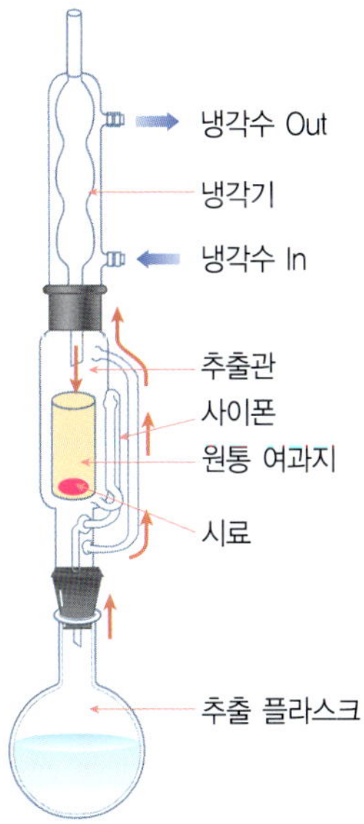

그림 7-1
속슬렛 추출기

(2) 실험의 재료 및 기구

① **시료**: 밀가루, 쌀가루, 분유 등

② **시약**: 에테르(diethyl ether)

- 다이에틸에테르(diethyl ether)는 에틸에테르 또는 단순히 에테르라고 부르는 경우가 많다.

③ **기구 및 장치**: 속슬렛(Soxhlet) 추출기, 항온수조(water bath), 히팅맨틀(heating mantle, 또는 항온수조 사용), 항온건조기(dry oven), 데시케이터(desiccator), 탈지면, 원통여과지, 핀셋

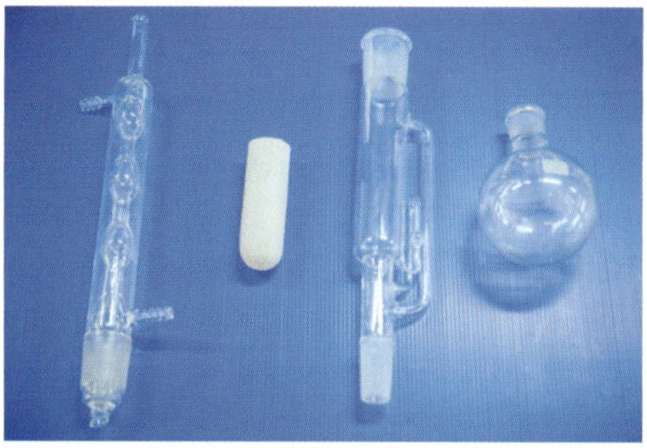

냉각기, 원통여과지, 추출관, 수기

데시케이터

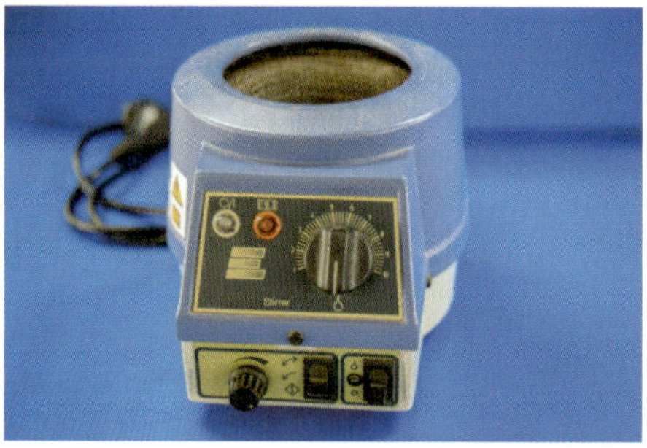

히팅맨틀

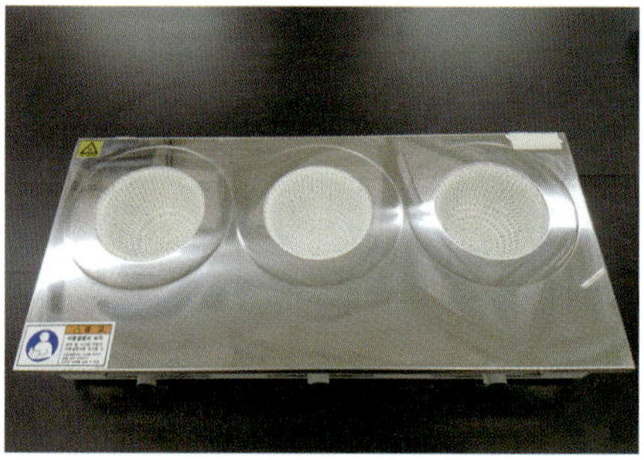

멀티 히팅맨틀

항온수조

항온건조기

속슬렛 추출 시 필요한 기구 및 장치

(3) 실험 방법

① 수기(추출 플라스크)를 세척하여 105 ℃의 항온건조기에서 1시간 동안 건조시키고 데시케이터에서 30분간 실온으로 방랭한 후 칭량한다. 이 과정을 반복하여 수기의 항량을 구한다(W_0).

② 미세한 분말(필요한 경우 분말화) 시료 2~10 g을 달아 원통여과지에 넣고 위를 탈지면으로 가볍게 충전한다.

> ■ 속슬렛 추출법 시행 시 시료 채취량
> - 지방함량 낮은 시료: 5 g
> - 지방함량 높은 시료: 2 g
>
> ■ 속슬렛 추출법 시행 시 시료 전처리
> - 충분히 건조된 시료: 그대로 사용
> - 수분 다량 함유 시료: 예비건조
> - 수분이 특히 많은 시료: 모래나 무수황산나트륨을 넣고 건조시켜 사용
> - 지방 다량 함유 시료: 칭량 후 에테르로서 지방분의 일부를 제거한 후 나중에 가산

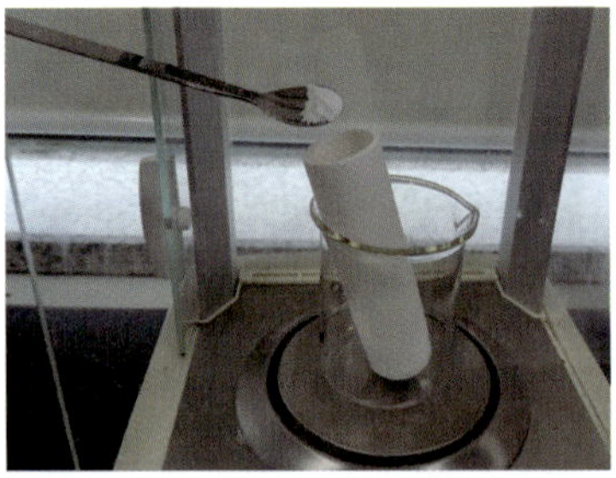

③ 적당한 용기에 담아 100～105 ℃의 건조기에서 2～3시간 건조한 후, 데시케이터에서 냉각하고 속슬렛 추출장치의 추출관에 넣는다.

④ 항량이 된 수기에 에테르를 약 1/2 정도 넣고 추출관 및 냉각관을 연결하여 50～60 ℃의 항온수조의 수욕상(또는 히팅맨틀)에서 8～16시간 추출한다(에테르가 1분에 80방울 정도 떨어지는 속도로 수조 온도 조절).

⑤ 추출이 끝난 후, 냉각기를 떼고 추출관 속의 원통여과지를 핀셋으로 꺼낸다.

⑥ 다시 냉각기를 추출관에 연결하여 수욕상에서 가온한다.

⑦ 수기 중의 에테르가 전부 추출관에 옮겨지면 수기를 떼어 수욕 중에서 에테르를 완전히 증발시킨다.

⑧ 수기의 바깥을 거즈로 깨끗이 닦은 후, 98～100 ℃의 건조기에 넣어 약 1시간 동안 건조한 다음 데시케이터에서 방랭하고 칭량한다.

⑨ 항량이 될 때까지 건조－방랭－칭량 과정을 반복한다(W_1).

(4) 실험 결과 및 계산

① 계산 방법

$$조지방(\%)=\frac{W_1-W_0}{S}\times 100$$

W_0: 추출 전 수기의 무게(g)

W_1: 추출 후 건조시킨 수기의 무게(g)

S: 시료 채취량(g)

② 계산 예시

다음 실험결과를 이용하여 조지방 함량을 구하시오.

측정 항목	측정치	계산 과정
추출 전 수기의 무게(g)	132.6572	$조지방=\frac{(133.3831-132.6572)}{5.1035}\times 100$ $=14.22357... \fallingdotseq 14.22\ \%$
추출 후 건조 시킨 수기의 무게(g)	133.3831	
시료 채취량(g)	5.1035	

2) 뢰제 · 고트리브(Röse-Gottlieb)법

(1) 실험의 목적 및 원리

시료에 암모니아를 가하여 단백질과 지질의 결합을 약화시킨 후 에테르와 석유에테르의 혼합액으로 지방을 추출하는 방법이다. 이 방법은 유제품, 유가공품, 비교적 지방질의 함량이 많은 액상 식품 또는 물을 가하여 액상 및 우유와 같은 모양으로 할 수 있는 식품에 적용한다. 추출장치로는 마조니어(Mojonnier)관 또는 뢰리히(Röhrig)관을 사용하는데 여기서는 사용법이 좀 더 간편한 마조니어관을 이용한 실험방법을 설명하였다.

(2) 실험의 재료 및 기구

① **시료**: 우유, 두유, 연유, 분유 등

② **시약**: 에테르(diethyl ether), 석유에테르(petroleum ether), 암모니아수(NH_4OH), 에탄올(ethyl alcohol)

③ **기구 및 장치**: 항온수조(water bath), 항온건조기(dry oven), 데시케이터(desiccator), 마조니어관 또는 뢰리히관, 삼각플라스크, 깔때기, 여과지

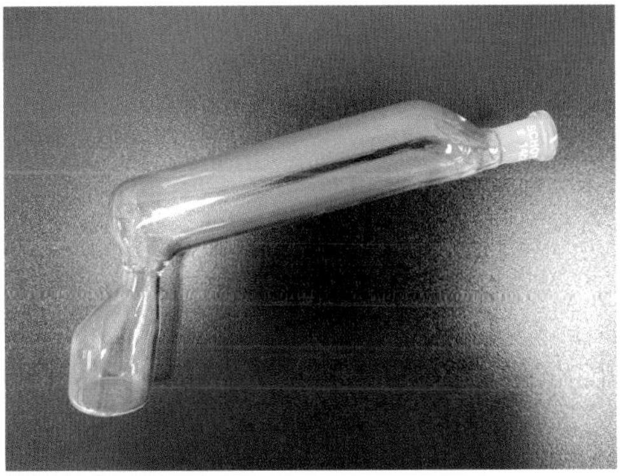

마조니어관

(3) 실험 방법

① 미리 삼각플라스크를 항량으로 만들어 무게를 측정하여 둔다.

② 시료 1～10 g을 정밀히 달아 마조니어관에 넣는다.

> ■ 뢰제·고트리브법 실험 시 시료 채취량 및 전처리
> - 우유, 두유: 5 g을 취함
> - 분유: 1 g을 비커에 담고 온수 4 mL로 용해한 후 마조니어관에 붓고 온수 3 mL 로 비커를 2회 세척하여 합침
> - 연유: 20 g을 물로 희석하여 100 mL로 정용한 후 10 mL를 취함

③ 물을 가하여 약 11 mL로 하고 40～50 ℃로 가온한 후 흔들어 완전히 섞는다.

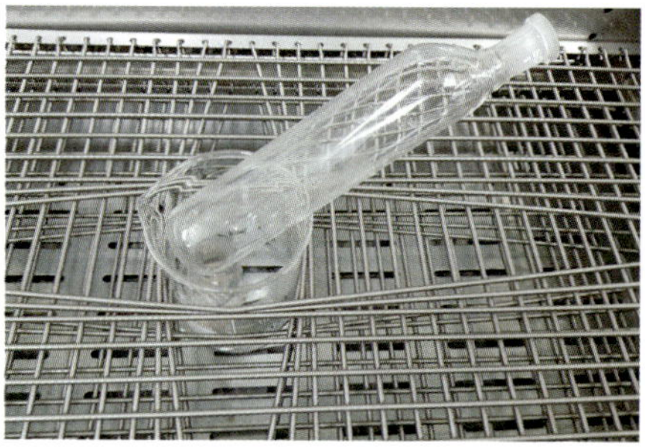

④ 암모니아수 1.5 mL (액이 산성인 경우 2.0 mL)를 가하여 섞는다.

⑤ 에탄올 10 mL를 가하여 잘 섞는다.

⑥ 에테르 25 mL를 가하고 뚜껑을 닫아 가볍게 섞은 후 마개를 열어 에테르 증기를 날려 보낸다.

⑦ 다시 마개를 닫고 약 1분간 세게 흔들어 섞은 후 에테르 증기를 탈기한다. 필요하면 냉각 후 석유에테르 25 mL를 가하고 다시 1분간 격렬히 진탕한 후 탈기한다.

⑧ 상층액이 완전히 투명하게 될 때까지 방치하거나 원심분리(600 rpm) 한다.

⑨ 깔때기에 여과지를 끼운 후 미리 항량으로 한 삼각플라스크에 꽂은 다음, 마조니어관의 층 분리가 완료되면 상층액을 깔때기에 부어 삼각플라스크에 옮긴다.

⑩ 마조니어관 내의 남은 액에 에테르와 석유에테르를 각각 15 mL씩 가하여 위의 조작을 실시하여 추출한다.

⑪ 다시 에테르 및 석유에테르를 각각 15 mL 씩 가하여 추출하는 과정을 2회 더 반복한다.

⑫ 마조니어관의 마개 유출구와 깔때기를 에테르:석유에테르(1:1)의 혼합액으로 깨끗이 씻고 여액과 세척액을 삼각플라스크에 합친다.

⑬ 75 ℃의 수욕상에서 용매를 날려 보낸다.

⑭ 100±2 ℃의 건조기에서 건조시키고 데시케이터에서 방랭하는 작업을 항량이 될 때까지 반복한다.

⑮ 무게를 측정하여 조지방의 함량을 산출한다.

(4) 실험 결과 및 계산

① 계산 방법

$$조지방(\%)=\frac{W_1-W_0}{S}\times100$$

W_0: 항량 시킨 빈 삼각플라스크의 무게(g)

W_1: 추출 후 건조 시킨 삼각플라스크의 무게(g)

S: 시료 채취량(g)

② 계산 예시

다음 실험결과를 이용하여 조지방 함량을 구하시오.

측정 항목	측정치	계산 과정
항량이 된 빈 삼각플라스크의 무게(g)	82.6892	$조지방=\frac{(82.8374-82.6892)}{4.8231}\times100$ $=3.07271...\fallingdotseq3.07\ \%$
추출 후 건조 시킨 삼각플라스크의 무게(g)	82.8374	
시료 채취량(g)	4.8231	

2. 지질의 화학적 실험법

1) 산가(acid value)

(1) 실험의 목적 및 원리

대부분의 식용유지는 중성지방 형태로 되어 있으나, 저장기간과 조건 등에 의해 글리세롤과 유리지방산으로 분해된다. 산가는 유지 1 g 중에 함유된 유리지방산을 중화시키는 데 필요한 수산화칼륨(KOH)의 mg 수를 말한다. 즉 산가는 지방산이 glyceride로서 결합 형태로 있지 않은 유리지방산의 양을 의미하는 것으로 유지의 산패 및 품질을 판단하는 척도가 된다.

(2) 실험의 재료 및 기구

① **시료**: 식용유 등 유지 시료

② **시약**: 0.1N KOH · 에탄올 용액(에탄올성 수산화칼륨용액), 에탄올:에테르(1:2) 혼합용액, 1 % 페놀프탈레인·에탄올 용액(지시약)

③ **기구 및 장치**: 뷰렛, 뷰렛스탠드, 삼각플라스크, 메스실린더, 스포이드

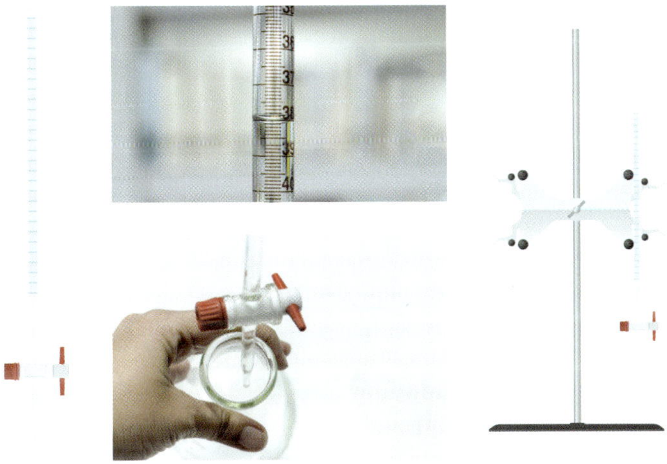

뷰렛 및 뷰렛스탠드

(3) 실험 방법

① 삼각플라스크에 시료 5 g(5 ~ 10 g)을 정밀히 달아서 넣는다.

- 산가 측정 시 시료량

산가	100 이상	30～100	15～30	5～15	0～5
시료량(g)	1	2.5	5	10	20

② **에탄올 :** 에테르(1:2) 혼합용액 100 mL를 가하여 유지를 녹인다.

③ 지시약인 1 % 페놀프탈레인 용액을 2~3방울 가한다.

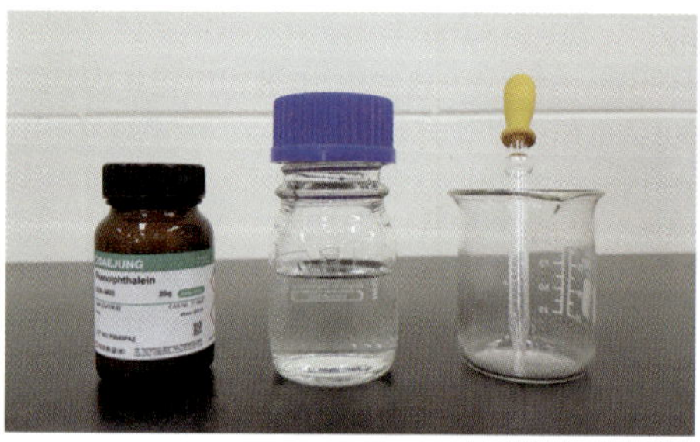

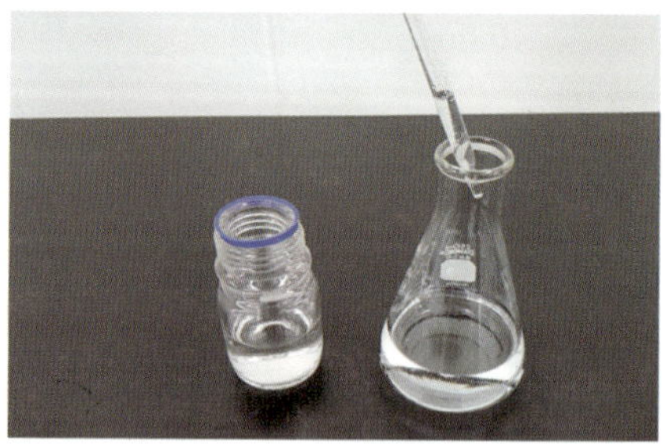

④ 0.1N 에탄올성 KOH 용액으로 미홍색이 30초간 지속될 때까지 적정한다(종말점: 미홍색).

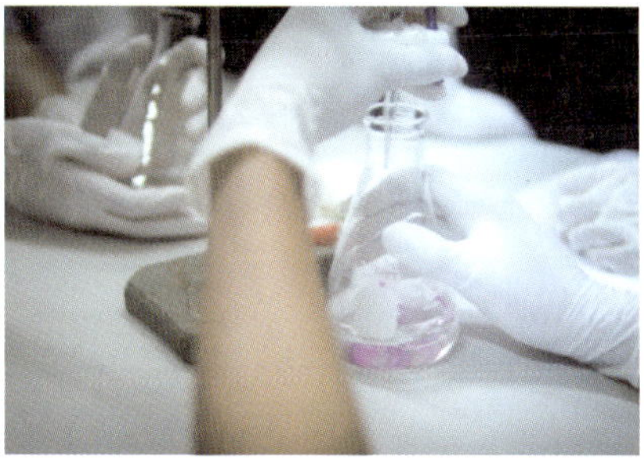

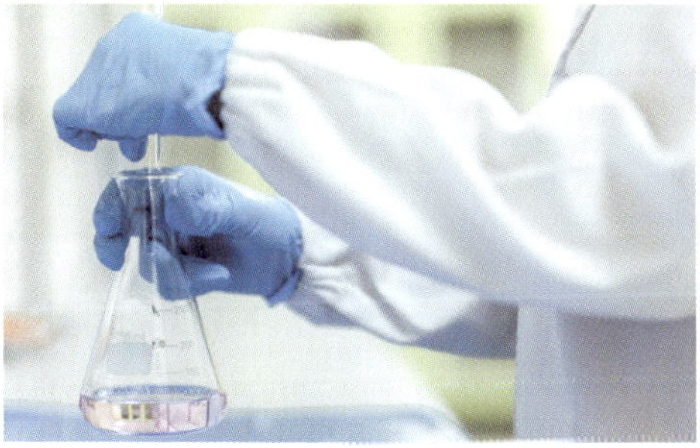

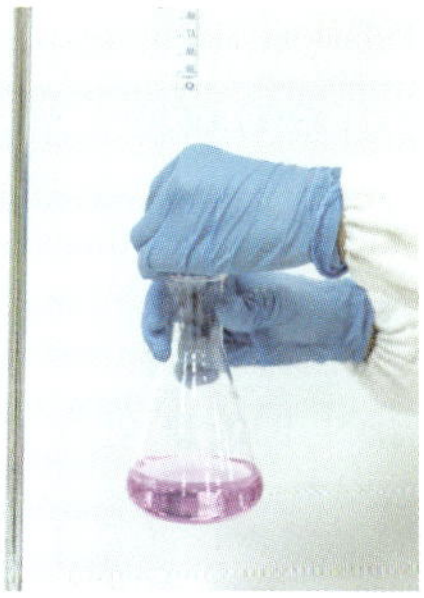

⑤ 별도로 시료만 가하지 않은 상태에서 같은 방법으로 공시험을 한다.

(4) 실험 결과 및 계산

① 계산 방법

$$산가(mg/g)=\frac{5.611\times(a-b)\times F}{S}$$

a: 본시험(시료)에 대한 0.1N 에탄올성 KOH 용액 적정량(mL)

b: 공시험에 대한 0.1N 에탄올성 KOH 용액 적정량(mL)

F: 0.1N KOH-에탄올 용액의 역가

S: 시료 채취량(g)

② 계산 예시

다음 실험결과를 이용하여 산가를 구하시오.

측정 항목	측정치	계산 과정
본시험에 대한 0.1N KOH 용액 적정량(mL)	1.15	산가= $\frac{5.611 \times (1.12-0.26) \times 1.010}{5.3452}$ =0.91179... ≒ 0.91
공시험에 대한 0.1N KOH 용액 적정량(mL)	0.26	
0.1N KOH · 에탄올 용액의 역가	1.010	
시료 채취량(g)	5.3452	

2) 과산화물가(peroxide value)

(1) 실험의 목적 및 원리

과산화물가는 유지 1 kg에 함유된 과산화물의 mg당량수를 말한다. 유지가 산화되면 지방산의 이중결합 부위에 산소가 첨가되어 1차 산화생성물인 과산화물이 만들어지게 되므로, 과산화물가는 유지의 산패 및 유도기간을 측정할 수 있는 시험법이다. 그러나 산패가 진행되면서 과산화물은 2차 산화생성물로 분해되므로 산패가 과도하게 일어난 유지에서는 이 값이 낮게 나타날 수 있어 유지의 초기 산패의 측정에 적합하다.

유지에 KI를 가하면 유지 중의 과산화물이 KI와 반응하여 I_2가 유리되는데 이렇게 생성된 I_2의 양을 $Na_2S_2O_3$용액으로 적정하여 과산화물의 양을 계산한다.

$$ROOH + 2KI \rightarrow ROH + I_2 + KOH$$

$$I_2 + \text{starch(청색)} + 2Na_2S_2O_3 \rightarrow 2NaI + \text{starch(무색)} + Na_2S_4O_6$$

(2) 실험의 재료 및 기구

① **시료**: 식용유 등 식용유지

② **시약**: 빙초산(acetic acid), 클로로포름(chloroform), 1 % 전분 용액(가용성 전분의 1 % 수용액), 0.01N $Na_2S_2O_3$(티오황산나트륨, sodium thiosulfate) 용액, KI(요오드화칼륨) 포화용액(KI 70 g을 증류수 50 mL에 녹인 용액)

③ **기구 및 장치**: 뷰렛, 뷰렛스탠드, 삼각플라스크, 피펫

(3) 실험 방법

① 삼각플라스크에 시료 2 g(1～5 g)을 정밀히 달아서 넣는다.

- 과산화물가 측정 시 시료량

과산화물가	50 이상	10～50	1～10	1 이하
시료량(g)	0.5～1	1～5	5～10	10

② **초산 : 클로로포름(3:2)** 혼합용액 25 mL를 넣어 유지를 녹인다. 유지에 클로로포름 10 mL를 가하여 녹인 후 초산 15 mL를 가하여 혼합해도 된다.

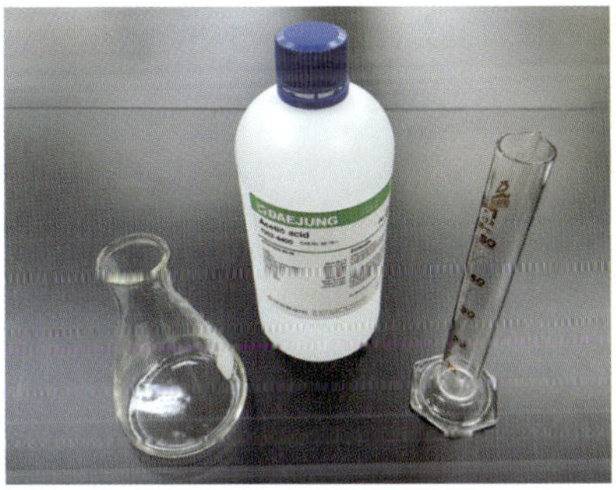

③ 포화 KI 용액 1 mL를 넣고 마개를 하고 가볍게 흔들어 잘 섞어준 후 어두운 곳에서(쿠킹호일로 감싸서 차광해도 된다) 10분간 방치한다.

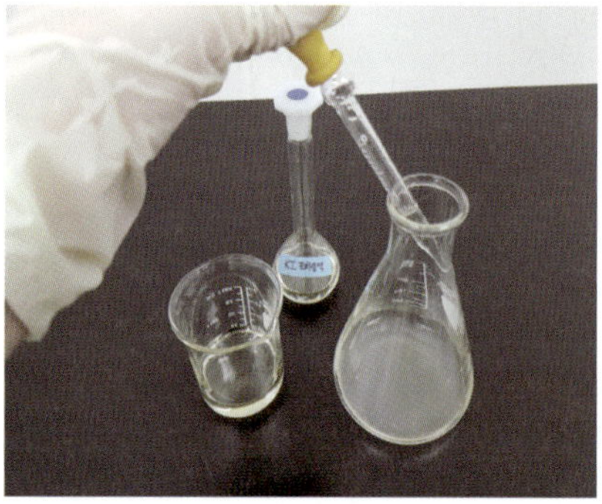

④ 증류수 30 mL와 지시약인 전분용액 1 mL를 가하고 세게 흔들어 섞어 준다.

⑤ 0.01N $Na_2S_2O_3$ 용액으로 청남색이 소실되어 무색이 될 때까지 적정을 한다(종말점: 청남색 소실).

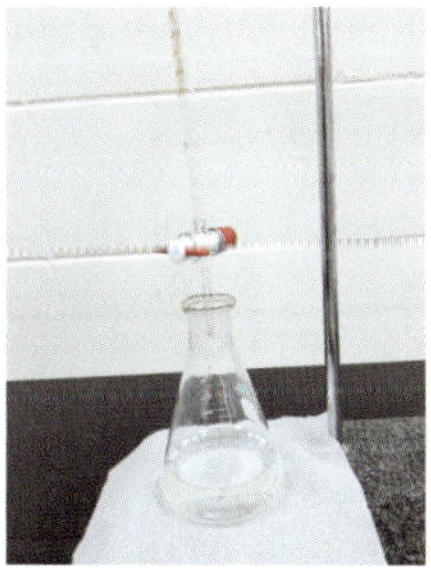

⑥ 별도로 시료만 가하지 않은 상태에서 같은 방법으로 공시험을 한다.

(4) 실험 결과 및 계산

① 계산 방법

$$\text{과산화물가(meq/kg)} = \frac{(a-b) \times 10 \times F}{S}$$

a: 본시험의 0.01N $Na_2S_2O_3$ 용액 적정량(mL)

b: 공시험의 0.01N $Na_2S_2O_3$ 용액 적정량(mL)

F: 0.01N $Na_2S_2O_3$ 용액의 역가

S: 시료 채취량(g)

② **계산 예시**

다음 실험결과를 이용하여 과산화물가를 구하시오.

측정 항목	측정치	계산 과정
본시험의 0.01N $Na_2S_2O_3$ 용액 적정량(mL)	20.57	과산화물가 $= \frac{(20.57-0.24)\times10\times1.009}{0.8543}$ $=240.11436... \fallingdotseq 240.11$
공시험의 0.01N $Na_2S_2O_3$ 용액 적정량(mL)	0.24	
0.01N $Na_2S_2O_3$ 용액의 역가	1.009	
시료 채취량(g)	0.8543	

3) 요오드가(iodine value)

(1) 실험의 목적 및 원리

요오드가는 유지 100 g에 흡수되는 할로겐의 양을 요오드의 g 수로 나타낸 것이다. 유지에 이중결합과 흡수되는 요오드 양은 비례하므로 요오드가는 유지의 불포화도를 알 수 있는 척도가 된다. 유지의 요오드가를 측정하는 방법 중 널리 사용되는 위이스(Wijs)법을 이용한 요오드가 측정 원리는 다음과 같다. 유지에 과량의 일염화요오드(ICl)를 가하여 이중결합 부위에 첨가시킨 후 반응하지 않고 남은 일염화요오드에 염화칼륨(KI)을 반응시켜 유리되는 요오드(I_2)를 티오황산나트륨($Na_2S_2O_3$)으로 적정한다. 이 값을 공시험과 비교하여 이중결합 부위와 결합한 ICl의 양에 해당하는 요오드의 양을 통해 유지의 불포화도를 알 수 있다.

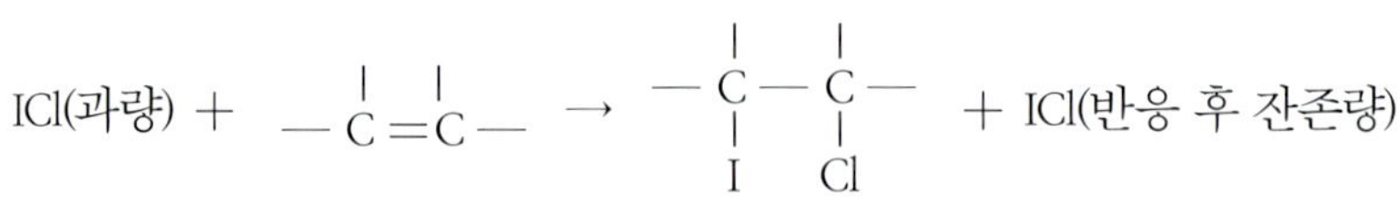

ICl(반응 후 잔존량) + KI → I_2 + KCl

I_2 + starch(청색) + $2Na_2S_2O_3$ → 2NaI + starch(무색) + $Na_2S_4O_6$

보통 요오드가 130 이상인 유지는 건성유, 100～130은 반건성유, 100 이하는 불건성유라고 한다.

(2) 실험의 재료 및 기구

① **시료**: 식용유 등 식용유지

② **시약**: 위이스(Wijs) 시약(ICl의 빙초산용액, 염화요오드시액), 사염화탄소(CCl_4) 또는 클로로포름, 1 % 전분 용액(가용성 전분의 1 % 수용액), 0.1N 중크롬산칼륨($K_2Cr_2O_7$) 용액, 0.1N 티오황산나트륨($Na_2S_2O_3$) 용액, 10 % 요오드화칼륨(KI) 용액

- 위이스(Wijs) 시약: 삼염화요오드(ICl3) 7.9 g과 요오드(I2) 8.7 g을 각각의 플라스크에 취한 후 빙초산으로 용해시킨 후 두 액을 혼합하고 빙초산으로 각 플라스크를 세척한 후 합하여 1 L로 정용한다. 또는 ICl 8.4 g을 빙초산으로 용해하여 1 L로 정용해도 된다.

③ **기구 및 장치**: 뷰렛, 뷰렛스탠드, 삼각플라스크, 피펫

(3) 실험 방법

① 시료 0.5 g(요오드가에 따라 0.1～0.8 g)을 마개가 있는 삼각플라스크에 넣는다.

- 요오드가 측정 시 시료량

요오드가	120 이상	60～120	60 이하
시료량(g)	0.1～0.2	0.2～0.4	0.4～0.8

② 사염화탄소 또는 클로로포름 10 mL를 가하여 시료를 용해시킨다.

③ 위이스(Wijs) 시약(염화요오드시액) 25 mL를 피펫으로 일정한 속도로 가하고 마개를 닫아 천천히 흔들어 섞는다.

④ 암소에 30분간(요오드가가 100 이상인 것은 1시간) 방치한다.

⑤ 10 % KI 20 mL 및 물 100 mL를 가하여 흔들어 섞는다.

⑥ 유리된 요오드를 0.1N $Na_2S_2O_3$ 용액으로 미황색이 될 때까지 적정한다.

⑦ 지시약으로 1 % 전분 용액을 1 mL 넣고 다시 0.1N $Na_2S_2O_3$ 용액으로 적정한다(종

말점: 청남색 소실).

⑧ 별도로 시료만 가하지 않은 상태에서 같은 방법으로 공시험을 한다.

(4) 실험 결과 및 계산

① 계산 방법

$$요오드가(g/100\ g) = \frac{1.269 \times (b - a) \times F}{S}$$

a: 본시험의 0.1N $Na_2S_2O_3$ 용액 적정량(mL)

b: 공시험의 0.1N $Na_2S_2O_3$ 용액 적정량(mL)

F: 0.1N $Na_2S_2O_3$ 용액의 역가

S: 시료 채취량(g)

② 계산 예시

다음 실험결과를 이용하여 요오드가를 구하시오.

측정 항목	측정치	계산 과정
본시험의 0.1N $Na_2S_2O_3$ 용액 적정량(mL)	7.5	$요오드가 = \frac{1.269 \times (42 - 7.5) \times 1}{0.39}$ $= 112.25769... \fallingdotseq 112.26$
공시험의 0.1N $Na_2S_2O_3$ 용액 적정량(mL)	42	
0.1N $Na_2S_2O_3$ 용액의 역가	1	
시료 채취량(g)	0.39	

4) 비누화가(safonification value)

(1) 실험의 목적 및 원리

비누화가는 유지 1 g을 비누화시키는 데 필요한 수산화칼륨의 mg 수이다. 즉 유지의 중성지방의 에스테르 결합을 알칼리로 가수분해하여 유리되는 지방산을 중화시키는 데 소요되는 수산화칼륨의 mg 수로 검화가라고도 한다. 유지 1 g 중의 지방산의 수는 탄소수가 많은 지방산일수록 적으므로 고급지방산의 비누화가가 더 낮다. 즉 비누화는 유지를 구성하는 지방산의 분자량에 반비례하므로 유지 간의 상대적인 지방산 조성을 비교할 수 있다. 일반적인 유지의 비누화가는 180～200 정도이다.

(2) 실험의 재료 및 기구

① **시료**: 식용유 등 식용유지

② **시약**: 0.5N KOH·에탄올 용액(에탄올성 수산화칼륨용액), 0.5N HCl 수용액, 1 % 페놀프탈레인·에탄올 용액(지시약)

③ **기구 및 장치**: 뷰렛, 뷰렛스탠드, 삼각플라스크, 환류냉각기, 스포이드, 항온수조(water bath)

(3) 실험 방법

① 삼각플라스크에 시료 1 g(1～2 g)을 정밀히 달아 넣는다.

② 0.5N 에탄올성 KOH 용액 25 mL를 정확히 가한다.

③ 삼각플라스크를 환류냉각기와 연결하고 항온수조의 수욕 중에서 때때로 흔들어 섞어주면서 30분간 가열한다.

④ 삼각플라스크를 즉시 흐르는 물로 냉각시킨다.

⑤ 지시약인 페놀프탈레인 용액을 2～3방울 넣는다.

⑥ 0.5N HCl로 과잉의 KOH를 미홍색이 30초간 지속될 때까지 적정한다(종말점: 미홍색).

⑦ 별도로 시료만 가하지 않은 상태에서 같은 방법으로 공시험을 한다.

(4) 실험 결과 및 계산

① 계산 방법

$$비누화가(mg/kg) = \frac{28.05 \times (b-a) \times F}{S}$$

a: 본시험의 0.5N HCl 적정량(mL)

b: 공시험의 0.5N HCl 적정량(mL)

F: 0.5N HCl의 역가

S: 시료 채취량(g)

② 계산 예시

다음 실험결과를 이용하여 비누화가를 구하시오.

측정 항목	측정치	계산 과정
본시험의 0.5N HCl 적정량(mL)	12.5	$비누화가 = \frac{28.05 \times (20.5-12.5) \times 1.005}{1.2}$ $= 187.935 \fallingdotseq 187.94$
공시험의 0.5N HCl 적정량(mL)	20.5	
0.5N HCl의 역가	1.005	
시료 채취량(g)	1.2	

3. 지질의 물리적 실험법

1) 비중

(1) 실험의 목적 및 원리

비중은 물질의 질량과 그것과 같은 체적의 표준물질과의 질량의 비를 말한다. 지질을 구성하고 있는 지방산의 종류에 따라 지질의 비중은 달라져, 지방산의 분자량이 작을수록, 불포화도가 클수록, 산화중합된 지방이 많을수록 지질의 비중은 상승한다. 따라서 유지의 비중은 왁스와 글리세리드, 저급지방산과 고급지방산, 건성유와 불건성유 등의 조건에 따라 달라 유지의 종류와 특성을 판별하는 지표가 될 수 있다. 일반적으로 천연유지의 비중은 0.91～0.9 정도이다.

(2) 실험의 재료 및 기구

① **시료**: 식용유 등 유지

② **기구 및 장치**: 비중병(온도계 부착형), 항온건조기(dry oven)

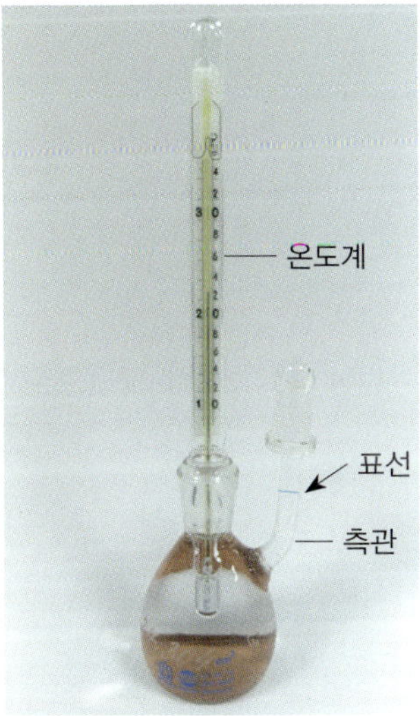

비중병

자료: Tzaph, CC BY-SA

(3) 실험 방법(액체지방)

① 비중병을 세척하여 105 ℃의 항온건조기에서 1시간 동안 건조시키고 데시케이터에서 30분간 실온으로 방냉한 후 칭량한다. 이 과정을 반복하여 비중병의 항량(W)을 구한다.

② 마개의 뚜껑을 빼고 시료를 가득 넣은 후 따로 규정이 없는 한 규정온도(25 ℃)보다

1~3 ℃ 낮게 하고 거품이 남지 않도록 주의하여 마개를 막는다.

③ 항온수조에서 천천히 온도를 올려 온도계가 표준온도(25 ℃)를 나타낼 때 넘쳐 나오는 시료, 즉 표선(눈금)보다 상부의 시료를 측관으로부터 제거하고 측관의 뚜껑을 닫는다.

④ 비중병 외부를 잘 닦고 무게(W_1)를 측정한다.

⑤ 같은 비중병으로 증류수를 사용하여 동일한 방법으로 실험하고 그 무게(W_2)를 측정한다.

※ 같은 비중병을 이용하므로 증류수 먼저 실험한 후 유지를 실험하는 것이 바람직함

(4) 실험 결과 및 계산

① 계산 방법

$$비중(d) = \frac{W_1 - W}{W_2 - W}$$

W: 항량이 된 비중병의 무게(g)

W_1: 유지를 넣어 측정한 비중병의 무게(g)

W_2: 증류수를 넣어 측정한 비중병의 무게(g)

② **계산 예시**

다음 실험결과를 이용하여 비중을 구하시오.

측정 항목	측정치	계산 과정
항량이 된 비중병의 무게(g)	51.8947	$비중=\frac{79.5028-51.8947}{80.8759-51.8947}$ $=0.95262... \fallingdotseq 0.953$
유지를 넣어 측정한 비중병의 무게(g)	79.6458	
증류수를 넣어 측정한 비중병의 무게(g)	80.8759	

2) 굴절률

(1) 실험의 목적 및 원리

광선이 액체에 입사되면 광선은 굴절되는데, 광선의 입사각과 굴절각의 비를 굴절률이라고 한다. 굴절률은 물질에 따라 일정하므로, 굴절률 측정을 통해 어떤 물질의 농도나 순도 등을 판정할 수 있다. 굴절률은 고급지방산이 함량이 많을수록, 산화된 지방이 많을수록 증가한다. 또한 불포화지방산이 많을수록, 즉 요오드가에 비례하여 굴절률은 커지므로 유지의 경화 정도 조절에 이용될 수 있다. 굴절률은 굴절계를 이용하여 측정하는데 아베(Abbe) 굴절계를 이용한 방법이 많이 사용되며, 일반적으로 액체상태인 기름은 20 또는 25 ℃, 고체상태인 지방은 40 ℃에서 측정한다.

(2) 실험의 재료 및 기구

① **시료**: 식용유 등 유지

② **기구 및 장치**: 아베 굴절계

(3) 실험 방법

① 아베 굴절계 A, B 부분인 금속상자에 있는 각 프리즘의 면을 알코올 또는 에테르로 적신 부드러운 천으로 조심히 가볍게 닦아 깨끗하게 한다.

② 굴절계의 D에서 E로 항온수조의 물을 순환시켜 2개의 프리즘을 일정한 온도로 유지한다.

③ 굴절계의 A를 들어 올려 B 부분의 프리즘 표면 중앙에 시료를 2～3방울 떨어뜨린 후 프리즘을 조심히 닫으면 양 프리즘 사이에 시료가 얇은 막상으로 퍼지게 된다. 휘발성 시료의 경우 프리즘을 먼저 닫고 A와 B 사이의 틈으로 시료를 흘려 넣는다.

④ 명암의 경계선(반사의 경계선)이 대안렌즈의 십자선(눈의 교차점)의 중심부에 오도록 J 부분을 조정하여 프리즘을 회전시킨다.

⑤ 이 때의 S상의 눈금을 루우베 L에서 보고 굴절률을 직접 읽는다.

⑥ 처음과 마찬가지로 다시 프리즘을 닦는다.

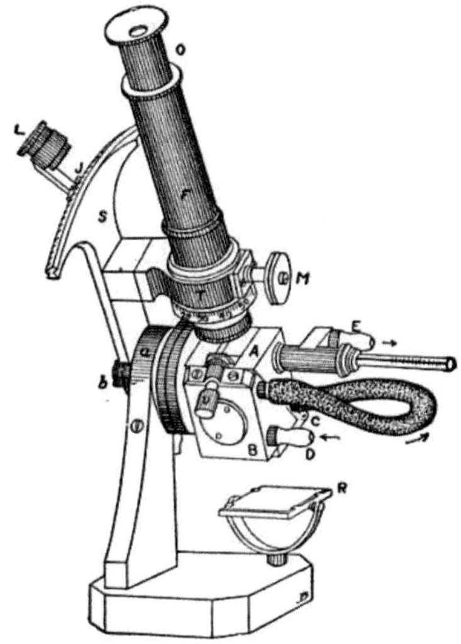

아베 굴절계

(4) 실험 결과 및 계산

① 20 ℃ 이상에서 측정 시

굴절률(20 ℃)＝(t ℃에서의 굴절률)＋(t－20)K

② 20 ℃ 이하에서 측정 시

굴절률(20 ℃)＝(t ℃에서의 굴절률)－(20－t)K

단, K는 상수(기름: 0.000385, 지방: 0.000365), t는 측정 온도

MEMO

CHAPTER 8

회분 및 무기질 분석

1. 조회분 정량 *식품산업기사 실기시험종목

1) 직접회화법

(1) 실험의 목적 및 원리

조회분(Crude ash)은 시료를 도가니에 넣고 직접 550～600 ℃의 온도에서 완전히 회화시켰을 때의 회분의 양을 말한다. 즉 식품을 550～600 ℃로 가열하면 유기물은 산화, 분해되어 다량의 가스가 발생하고 타르 형태로 되며 점차 탄화한다. 탄소는 더 산화되어 탄산가스(CO_2)로 변하여 방출되지만 다량의 인산을 함유한 시료에서는 가열하면 양이온과 결합하지 않고 용융상태로 되며, 불충분한 산소 공급으로 인해 오히려 회화가 잘되지 않게 된다. 일부의 식품에서는 염소이온(Cl^-) 등 휘발성 무기물은 휘산되기도 하고, 일부의 양이온은 공존하는 음이온과 반응하여 인산염이나 황산염 등으로 되며, 유기물 유래의 탄산염으로 되므로 조회분(crude ash)이라고 한다.

(2) 실험의 재료 및 기구

도가니

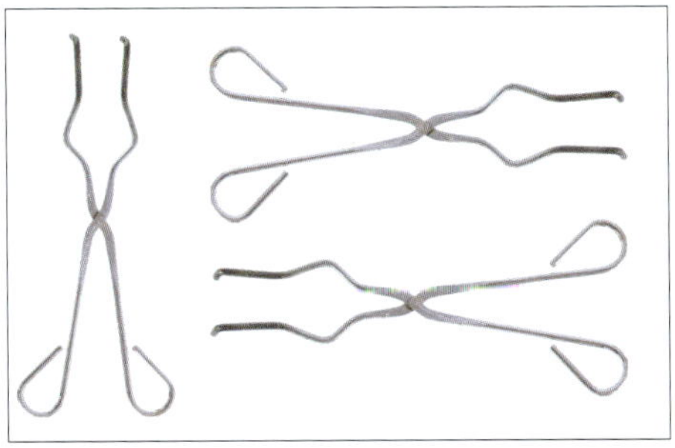

도가니 집게

데시케이터

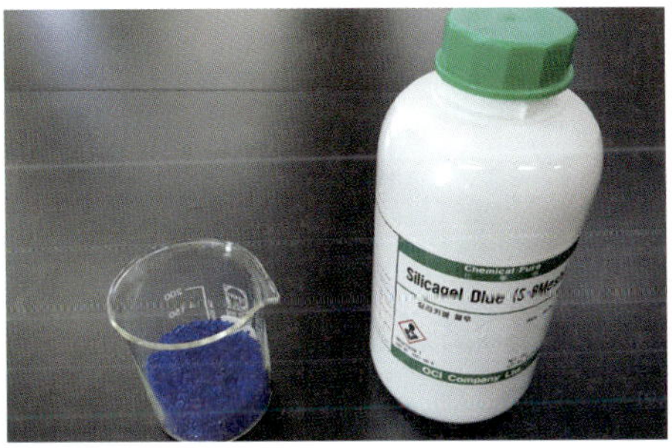

실리카겔

철제 밧트

전기회화로

조회분 정량 시 필요한 기구 및 장치

① **시료**: 쌀가루, 밀가루, 콩가루, 라면, 국수 등

② **기구 및 장치**: 도가니(사기제, 백금제 또는 석영제), 도가니 집게, 데시케이터(desiccator), 전기회화로(muffle furnace), 방열상삽, 철제 밧트, 실리카겔(데시케이터용)

(3) 실험 방법

① 깨끗한 도가니를 550 ~ 600 ℃의 회화로에 넣고 도가니 뚜껑을 비스듬히 연 상태로 수시간(2시간 정도) 가열한 후 데시케이터로 옮겨 실온으로 방랭한(30분 정도) 후 칭량한다.

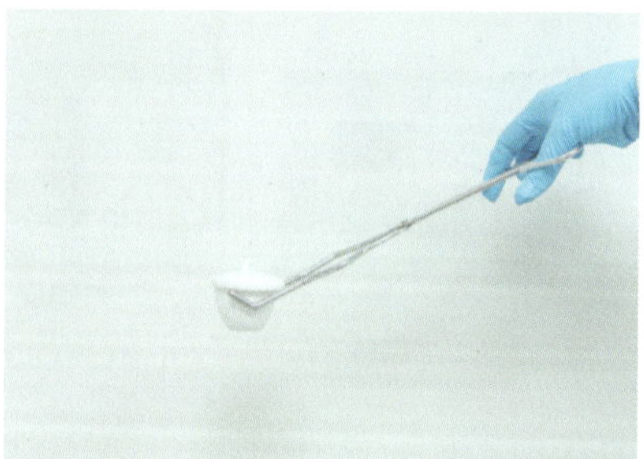

② 다시 2시간 동안 가열시키고, 방랭, 칭량하는 조작을 항량이 될 때까지 반복한다.

③ 마쇄한 시료 2 g을 도가니에 정밀히 달아 넣는다. 시료에 따라 필요하면 회화 전 다음의 전처리를 한다.

■ 조회분 정량 시 시료 전처리 방법

- 전처리가 필요 없는 시료: 두류, 곡류, 그 외 아래에 해당하지 않는 것
- 미리 건조해야 하는 시료: 수분 함량이 높은 동물성식품은 건조기 내에서 가능한 최대로 건조시킨다. 액상식품과 음료는 수욕상에서 증발건조 시킨다.
- 예비 탄화시켜야 하는 시료: 회화할 때 팽창하는 시료로 당류, 당함량이 높은 식품, 정제전분, 난백, 일부 어육이 해당한다. 버너를 이용하여 약한 불로 주의하여 탄화시키든지 열판상에서 적외선램프를 쪼이며 300 ℃ 이하에서 탄화시킨다.
- 연소시켜야 하는 시료: 유지류는 가능한 수분을 제거하고 과열시키거나 점화하여 불꽃이 약해질 때까지 연소시킨 후 마개를 덮어 불을 끈다.

④ 도가니를 회화로에 넣고 뚜껑을 비스듬히 연 상태로 550～600 ℃에서 백색～회백색의 회분이 얻어질 때까지 수시간(5시간 정도) 가열하다

■ 대량의 탄소가 남아 회화 후 회백색의 회분을 얻을 수 없는 시료의 실험

① 회화하여 얻은 흑회색의 회분을 식힌 후 가용분을 침출하여 정량 여과지로 작은 비커에 여과하고, 잔류물은 다시 물로 씻는다.

② 약 15 mL의 물을 가하여 탄 덩어리를 유리봉으로 부수어 수욕상에서 가온한 후 세척액은 비커에 넣는다.

③ 여과지상의 잔류물은 여과지와 같이 먼저의 도가니에 옮겨 건조 후 550～600 ℃에서 회화시킨다.

④ 비커의 액은 수욕상에서 농축하여 잔류물을 회화한 먼저의 도가니에 옮기고 소량의 물로 비커를 씻고, 씻은 액도 도가니에 넣는다.

⑤ 다시 도가니를 수욕상에서 증발 건조하고, 500～600 ℃에서 2시간 가열하면 탄소가 함유되지 않은 회분을 얻는다.

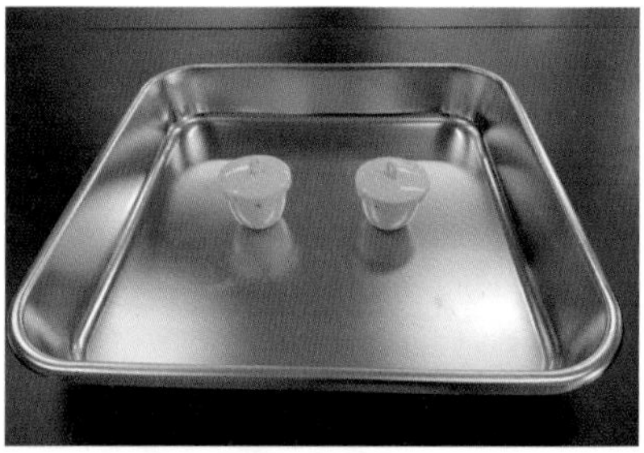

⑤ 회화가 끝나면 가열을 중지하고 그대로 식혀 온도가 약 200 ℃로 되었을 때 데시케이터로 옮겨 실온으로 방랭한 후 칭량한다.

 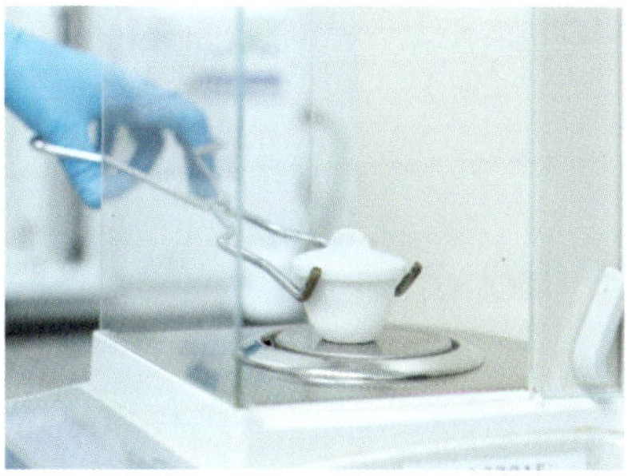

⑥ 항량이 될 때까지 가열(반복 시에는 2시간, 1시간 정도), 방랭, 칭량 과정을 반복한다.

(4) 실험 결과 및 계산

① 계산 방법

$$\text{조회분}(\%) = \frac{W_1 - W_0}{S} \times 100$$

W_0: 항량이 된 도가니의 무게(g)

W_1: 회화 후 도가니와 회분의 무게(g)

S: 시료 채취량(g)

② 계산 예시

다음 실험결과를 이용하여 조회분 함량을 구하시오.

측정 항목	측정치	계산 과정
항량이 된 도가니의 무게(g)	21.6529	$\text{조회분} = \frac{21.7831 - 21.6529}{2.5435} \times 100$ $= 5.11893... \fallingdotseq 5.12\ \%$
회화 후 도가니와 회분의 무게(g)	21.7831	
시료 채취량(g)	2.5435	

2. 식염 정량 *식품산업기사 실기시험종목

1) 모어(Mohr)법

(1) 실험의 목적 및 원리

식염(NaCl) 정량은 시료 중의 Cl(염소)의 양을 측정하여 NaCl(염화나트륨)의 함량을 추정하는 방법을 이용한다. 침전적정법인 모어(Mohr)법은 대표적인 식염정량법이다. 전처리한 시료용액에 지시약인 크롬산칼륨(K_2CrO_4)용액을 몇 방울 가한 후 뷰렛을 이용하여 질산은($AgNO_3$) 표준용액을 적하하면 Cl^-은 전부 AgCl(염화은)의 백색 침전으로 된다.

〈Cl^-이 모두 소비될 때까지〉 $NaCl + AgNO_3 \rightarrow AgCl\downarrow$(백색 침전) $+ NaNO_3$

Cl^-이 모두 AgCl으로 침전되고 난 후 $AgNO_3$은 K_2CrO_4와 반응하여 Ag_2CrO_4(크롬산은)의 적갈색 침전이 생기기 시작하므로, 완전히 적갈색으로 변한 때를 적정 종말점으로 하여 이때까지 소비된 $AgNO_3$용액의 양을 통해 염소의 양을 측정하고 이를 통해 식염의 양을 환산한다.

〈모든 Cl^-이 소비된 이후〉 $2AgNO_3 + K_2CrO_4 \rightarrow Ag_2CrO_4$(적갈색 침전) $+ 2KNO_3$

(2) 실험의 재료 및 기구

① **시료**: 간장, 된장 등

② **시약**: 0.02N $AgNO_3$(질산은) 용액, 10 % K_2CrO_4(크롬산칼륨) 용액

③ **기구 및 장치**: 뷰렛, 뷰렛스탠드, 메스플라스크, 삼각플라스크, 스포이드, 깔때기, 여과지

(3) 실험 방법

① 시료 5 g을 비커에 정확히 칭취하여 약 20 mL의 물을 가한 다음 균질기나 막자사발에 약간의 해사를 넣어 마쇄한다.

- 모어법을 이용한 식염 정량 시 시료량

NaCl 함량	10 % 정도	5 % 정도
시료량(g)	5	10

- 모어법을 이용한 식염 정량 시 시료 전처리의 예
  - 간장: 시료를 칭취한 후 마쇄하는 과정 없이 실험방법 ②부터 실험을 진행한다.
  - 된장: 시료를 칭취한 후 증류수를 약 100 mL 가하고 교반하면서 가온한 후 실험방법 ②부터 실험을 진행한다.

② 500 mL 메스플라스크에 옮기고 증류수를 이용하여 500 mL로 정용한 후 잘 흔들어 섞는다.

③ 여과지로 여과한 후 시료용액으로 이용한다.

④ 시료용액 10 mL를 삼각플라스크에 정확히 취하고 지시약인 10 % 크롬산칼륨용액을 2～3방울 가한다.

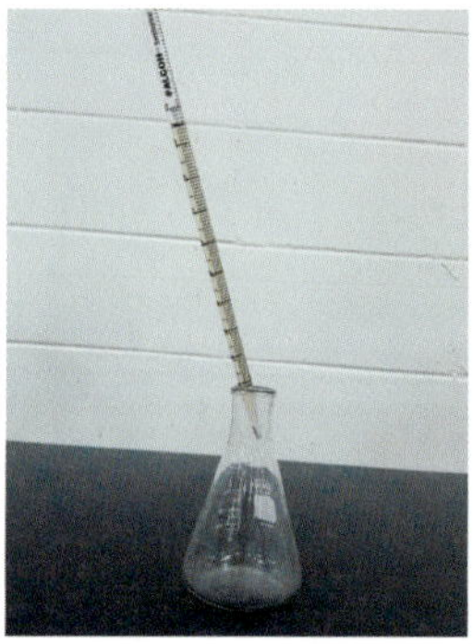

⑤ 0.02 N 질산은 용액으로 황색이 적색으로 변할 때까지 적정한다. 적정 초기에는 염화은의 백색 침전이 생기며 전반적으로 노란색(황백색 혼탁액 형태)을 띠지만 적정을 계속하면 크롬산은의 적갈색 침전이 생성된다(종말점: 적갈색 침전).

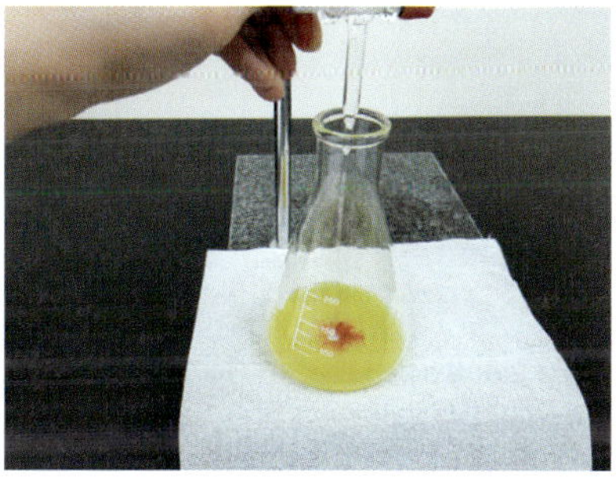

(4) 실험 결과 및 계산

① 계산 방법

- 염소(Cl) 함량

$$Cl(mg\ \%) = \frac{V \times F \times 0.7092 \times D}{S} \times 100$$

- 식염(NaCl) 함량

$$NaCl(\%) = \frac{V \times F \times 0.00117 \times D}{S} \times 100 = \frac{V \times F \times 5.85}{S}$$

V: 0.02N $AgNO_3$ 용액의 적정량(mL)

F: 0.02N $AgNO_3$ 용액의 역가

D: 희석배수

S: 시료 채취량(g)

0.7092: 0.02N $AgNO_3$ 용액 1 mL에 상당하는 Cl의 양(mg)

0.00117: 0.02N $AgNO_3$ 용액 1 mL에 상당하는 NaCl의 양(g)

5.85: 0.00117 × D(희석배수 50) × 100

② 계산 예시

다음 실험결과를 이용하여 식염의 함량을 구하시오.

측정 항목	측정치	계산 과정
0.02N $AgNO_3$ 용액의 적정량(mL)	13.5	식염 $= \frac{13.5 \times 1.0092 \times 0.00117 \times 50}{5.4321} \times 100$ $= 14.67233... \fallingdotseq 14.67\ \%$
0.02N $AgNO_3$ 용액의 역가	1.0092	
희석배수	50	
시료 채취량(g)	5.4321	

2) 폴하르트(Volhard)법

(1) 실험의 목적 및 원리

폴하르트(Volhard)법은 Cl^-(염소이온)을 함유한 질산산성의 용액에 과량의 $AgNO_3$(질산은)를 가하여 반응시키고 남은 Ag^+이온에 지시약으로 제2철이온(Fe^{3+})을 첨가한 후 KSCN 용액으로 적정함으로써 Cl^-의 양을 측정하는 실험법이다. $AgNO_3$와 제2철염 질산산성 용액에 KSCN 용액을 떨어뜨리면 AgSCN의 백색 침전이 생성된다.

$$Cl^- + \text{과량 } AgNO_3 \rightarrow AgCl\downarrow + NO_3^- + AgNO_3$$

$$AgNO_3 + KSCN \rightarrow AgSCN + KNO_3$$

여기에 과잉의 KSCN이 존재할 경우 KSCN은 Fe^{3+}과 반응하여 적등색의 $Fe(SCN)_6^{3-}$를 생성하게 되므로 적정의 종말점을 판단할 수 있다.

$$Fe(SO_4)_3 + 6KSCN \rightarrow Fe[Fe(SCN)_6] + 3K_2SO_4$$

(2) 실험의 재료 및 기구

① **시료**: 간장 등

② **시약**: 진한질산(HNO_3), 0.1N $AgNO_3$(질산은) 용액, 0.1N KSCN 용액, 철명반지시약, 니트로벤젠(nitrobenzene)

- 철명반지시약: 증류수 85 mL에 진한질산 2 mL을 가하여 혼합한 용액에 황산제이철암모늄($NH_4Fe(SO_4)_2 \cdot 12H_2O$) 10 g을 용해시켜서 제조한다.

③ **기구 및 장치**: 항온수조(water bath), 뷰렛, 뷰렛스탠드, 메스플라스크, 삼각플라스크, 피펫

(3) 실험 방법

① 시료 2 mL를 메스플라스크에 넣고 증류수를 이용하여 100 mL로 정용하여 2 % 시료 용액을 만든다.

② 이 시료용액 10 mL를 삼각플라스크에 넣고 진한 질산 0.5 mL를 첨가한 후 강하게 흔들어주면서 뷰렛으로 0.1N $AgNO_3$ 용액을 떨어뜨린다.

③ AgCl의 백색 침전이 응결하여 투명한 상층액이 생긴 후 다시 0.1N $AgNO_3$ 용액을 소량 적하한다.

④ 여기에 니트로벤젠 5 mL를 가하면 니트로벤젠에 백탁이 흡착되면서 용액이 투명해진다.

⑤ 1 mL의 철명반지시약을 첨가하고 0.1N KSCN 용액으로 적정한다.

⑥ 1분간 흔들어도 적갈색(적등색)이 소실되지 않는 때를 적정 종말점으로 한다.

(4) 실험 결과 및 계산

■ 염소(Cl) 함량

$$Cl(mg\ \%) = 3.546 \times (F_1V_1 - F_2V_2) \times D \times \frac{100}{S}$$

■ 식염(NaCl) 함량

$$NaCl(\%) = 0.00585 \times (F_1V_1 - F_2V_2) \times D \times \frac{100}{S}$$

V_1: 0.1N $AgNO_3$ 용액의 소비량(mL) ※ 보통 20 mL

F_1: 0.1N $AgNO_3$ 용액의 역가

V_2: 0.1N KSCN 용액의 적정량(mL)

F_2: 0.1N KSCN 용액의 역가

D: 희석배수

S: 시료 채취량(g)

3.546: 0.1N $AgNO_3$ 용액 1 mL에 상당하는 Cl의 양(mg)

0.00585: 0.1N $AgNO_3$ 용액 1 mL에 상당하는 NaCl의 양(g)

3. 칼슘 정량

1) 과망간산칼륨 용량법(적정법)

(1) 실험의 목적 및 원리

칼슘(Ca)을 함유하는 시료에 암모니아성 또는 미산성(pH 5.6) 조건에서 수산염을 첨가하면 칼슘이온(Ca^{2+})이 수산기($C_2O_4^{2-}$)와 반응하여 물에 난용성인 수산칼슘(CaC_2O_4) 형태로 침전된다. 이 침전을 여과하여 분리하고 여기에 황산(H_2SO_4)을 가하여 용해하면 수산($C_2O_4^{2-}$)이 유리되는데 이 수산을 과망간산칼륨($KMnO_4$)으로 적정함으로써 수산기의 양을 통해 칼슘의 양을 간접적으로 정량하는 방법이다.

$$Ca^{2+} + C_2O_4^{2-} \rightarrow CaC_2O_4\downarrow$$

$$CaC_2O_4 + H_2SO_4 \rightarrow CaSO_4 + H_2C_2O_4$$

$$5H_2C_2O_4 + 2KMnO_4 + 3H_2SO_4 \rightarrow 2MnSO_4 + K_2SO_4 + 10CO_2 + 8H_2O$$

(2) 실험의 재료 및 기구

① **시료**: 두류, 멸치, 조제유 등

② **시약**: 묽은 염산 용액(2배 희석 용액 및 4배 희석 용액), 3 % 수산암모늄[$(NH_4)_2C_2O_4$] 용액, 0.1 % 메틸레드(methyl red)·알코올 지시약 용액, 0.02N 과망간산칼륨($KMnO_4$) 용액, 묽은 암모니아수(50배로 희석한 용액), 묽은 황산(H_2SO_4) 용액(25배로 희석한 용액), 요소[$(NH_2)_2CO$, 특급 요소를 70~80 ℃의 저온으로 건조 후 흡습을 방지하기 위해 데시케이터에 보존]

③ **기구 및 장치**: 유리여과기(15AG－4), 위트 여과장치(Witt filtering apparatus), 뷰렛, 뷰렛 스탠드, 시계접시(watch glass), 증발접시

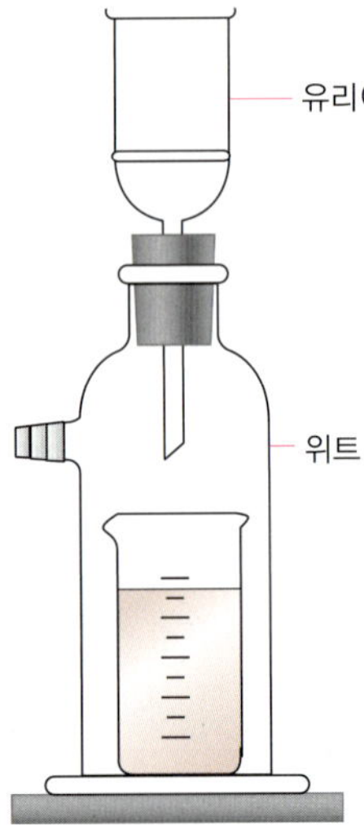

그림 8-1
위트 여과장치 및 유리여과기

(3) 실험 방법

① 시료 조제

- 시료 2～10 g을 증발접시에 칭취하고 회분 정량에서와 같이 백색～회백색의 회분을 얻을 때까지 회화하고(550～600 ℃) 방랭한다.
- 회분에 증류수를 소량 가하여 적신다.
- 묽은 염산 용액(2배로 희석한 용액) 10 mL를 가하여 섞은 후 끓는 수욕에서 완전히 증발건고 시킨다.
- 묽은 염산 용액(4배로 희석한 용액) 10 mL를 가하고 수욕에서 수 분간 가열하며 용해시킨다.
- 여과하고 증류수를 이용하여 100 mL로 정용한다.

② 칼슘 정량

- 위의 시료 조제 방법에 따라 얻은 시료용액 100 mL 중 40 mL(칼슘 1～2 mg에 해당하는 양)를 200 mL 비커에 취한다.
- 메틸레드 지시약 2～3방울과 3 % 수산암모늄용액 10 mL를 가한 후 요소 2～5g을

식품	칼슘(mg)	채취량(g)	식품	칼슘(mg)	채취량(g)
쌀류	2～15	20～50	유류	50～150	2～5
잡곡류	2～15	20～50	채소류	3～440	1～40
감자	4～53	5～30	과실류	2～83	5～50
곤약류	5～97	5～30	버섯류	0～16	20～50
과자	2～200	1～50	해초류	115～1,700	1～2
당류	1～58	5～50	조미류	5～553	1～30
유지류	1～10	20～50	유지류	1～10	20～50
두류	15～300	1～20	육류	2～58	5～50
종실류	3～282	1～40	난류	10～150	2～20
수조육류	2～58	5～50	유류	50～150	2～5
난류	10～150	2～20	※ 칼슘(mg): 식품 100g 중에 함유된 mg 수		

표 8-1
무기질 분석 시 시료 채취량

가해 녹인다.

- 시계접시로 비커를 덮고 약하게 가열한다.
- 메틸레드 지시약이 적색에서 등황색으로(약 pH 5.6) 변하였을 때 가열을 멈추고 방랭한다.
- 실온에서 2시간 이상(침전이 적을 경우는 하룻밤) 방치한다(이 때 비커 중의 액량은 20～30 mL 정도 됨).
- 침전을 충분히 형성시켜 석출된 수산칼슘 결정을 위트(Witt) 여과장치에 유리여과기를 장착하여 흡인여과 한다.
- 30～40 mL의 묽은 암모니아수를 여러 차례에 나누어 비커, 침전 및 유리여과기를 씻는다(침전을 모두 유리여과기에 옮겨야 하는 것이 아니며, 모액에 $C_2O_4^{2-}$이 잔류하지 않도록 완벽히 세척).

  ※ 두류나 곡류 등 인산과 마그네슘을 다량 함유하는 시료의 경우는 처음 한 차례만 약 5 mL 정도의 증류수로 먼저 씻은 후 묽은 암모니아수로 세척해야 유리여과기가 막히지 않음

- 세척이 완료되면 침전 생성에 이용한 비커를 유리여과기 아래의 수기와 교체한다.
- 70 ℃ 이상으로 미리 가온한 묽은 황산 용액 5 mL를 유리여과기에 가하고 유리막대로 교반한 후 잠시 방치하여 침전(수산칼슘)을 용해한 후 흡인여과 한다.
- 흡인을 중지하고 70 ℃ 이상으로 가온한 묽은 황산 용액 5 mL를 다시 유리여과기에 가하고 유리막대로 교반하여 내벽을 씻고 흡인여과 한다. 이 조작을 2회 반복한다.
- 비커를 여과장치에서 꺼내어 65～80 ℃로 가열한다.
- 0.02N $KMnO_4$ 용액으로 적정한다(종말점: 미홍색).
- 시료를 가하지 않고 동일한 방법으로 공시험을 한다.

(4) 실험 결과 및 계산

① 계산 방법

$$칼슘(mg/100\ g) = \frac{(b-a) \times 0.4008 \times F \times D}{S} \times 100$$

a: 공시험의 0.02N $KMnO_4$ 용액 적정량(mL)

b: 본시험의 0.02N $KMnO_4$ 용액 적정량(mL)

F: 0.02N $KMnO_4$ 용액의 역가

D: 시험용액 희석배수

S: 시료 채취량(g)

*0.4008: 0.02N $KMnO_4$ 용액 1 mL에 해당하는 칼슘의 양

② 계산 예시

다음 실험결과를 이용하여 칼슘의 함량을 구하시오.

측정 항목	측정치	계산 과정
공시험의 0.02N $KMnO_4$ 용액 적정량(mL)	0.1	칼슘 함량 $= \frac{(3.8-0.1)\times 0.4008\times 1.0023\times 2.5}{5}\times 100$ $=74.3185... ≒ 74.32\ \%$
본시험의 0.02N $KMnO_4$ 용액 적정량(mL)	3.8	
0.02N $KMnO_4$ 용액의 역가	1.0023	
시험용액 희석배수	2.5(100/40)	
시료 채취량(g)	5	

4. 식품의 산도 및 알칼리도 측정

1) 실험의 목적 및 원리

식품의 산도(acidity) 또는 알칼리도(alkalinity)는 식품 100 g을 회화시켜 얻은 회분을 중화하는데 필요한 1N 알칼리 또는 산의 mL 수를 말한다. 시료를 회화시켜 얻은 회분을 염산용액으로 용해시키고 알칼리 표준용액으로 중화시켜 이 때 소비되는 알칼리의 양으로부터 산도 및 알칼리도를 계산한다. 그 결과가 ＋값인 경우는 알칼리도를 나타내어 알칼리성 식품을, －값인 경우는 산도를 나타내어 산성식품을 의미한다.

식품의 산도 및 알칼리도는 P, S, Cl 등의 산생성 원소와 K, Na, Ca, Mg 등의 금속원소인 알칼리생성 원소의 상대적인 양을 나타내므로 식품의 산·알칼리 평형의 척도가 된다.

2) 실험의 재료 및 기구

(1) 시료

보리, 현미, 대두 등

(2) 시약

1N Na_2CO_3(탄산나트륨) 용액, 30 % H_2O_2(과산화수소), 1N HCl(염산) 용액, 0.1N NaOH(수산화나트륨) 용액, 0.1 % 페놀프탈레인·에탄올 용액

(3) 기구 및 장치

전기회화로(muffle furnace), 항온수조(water bath), 데시케이터, 환류냉각기, 도가니, 도가니 집게, 뷰렛, 뷰렛스탠드, 삼각플라스크, 피펫, 유리막대, 가열교반기(전열기 또는 알코올 램프, 삼발이, 석면쇠그물)

3) 실험 방법

(1) 회분을 0.1 g 정도 함유한 시료(5～10 g)를 정확히 칭취하여 도가니에 넣는다.

(2) 시료 1 g당 1 N Na_2CO_3 용액 0.5 mL를 가하여 잘 섞은 후 증발건고 시킨다(회화 중 무기질의 휘발 방지 목적).

(3) 회분정량 시와 동일한 방법으로(단, 회화온도는 450 ℃ 이하) 회화한다.

(4) 방랭 후 증류수 2～3 mL을 가하여 유리막대로 섞는다.

(5) 30 % H_2O_2 용액을 5～6방울 가하여 서서히 증발건고 시키고 도가니의 바닥이 미적색을 띨 때까지 가열한다.

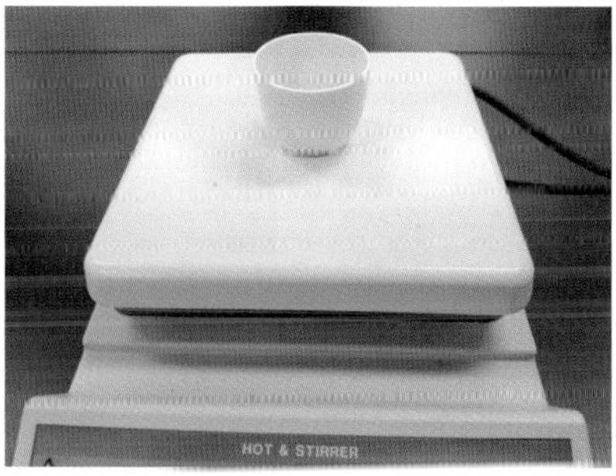

(6) 방랭시킨 후 증류수 2~3 mL를 가하여 녹인다.

(7) 시료 1 g당 1N HCl 용액 1 mL를 가하여 용해시킨다.

(8) 삼각플라스크로 옮기고 환류냉각기를 연결시켜 15분간 가열한다.

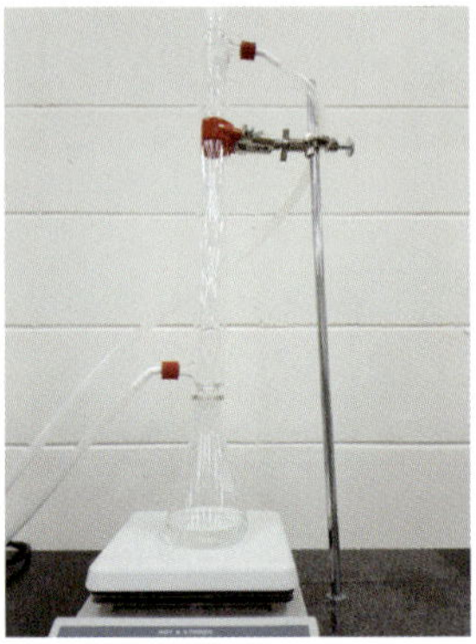
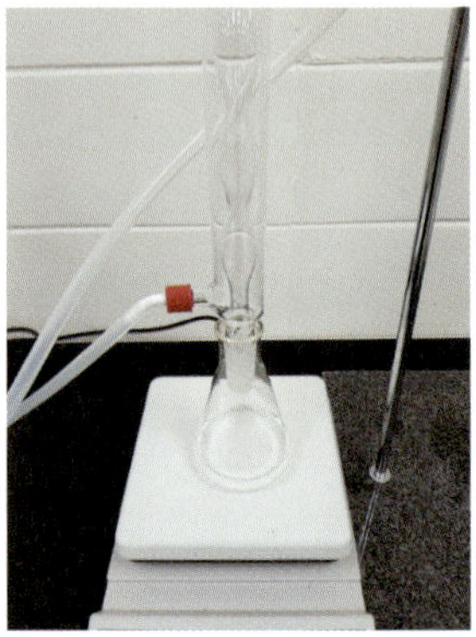

(9) 냉각한 후 페놀프탈레인 지시약을 2~3방울 가하고 0.1N NaOH 용액으로 적정한다 (종말점: 미홍색).

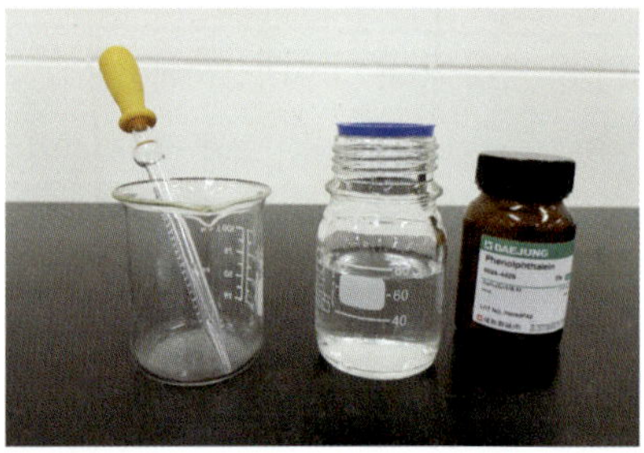

■ 전분류의 산도 판정 실험

① 시료 5 g을 정확히 칭취한다.

② 증류수 20 mL를 가하고 혼합하여 현탁액을 만든다.

③ 지시약으로 브롬티몰블루 시액을 2～3방울 가한다.

④ 0.02N NaOH 용액으로 적정한다(종말점: 진한 청색).

⑤ 0.02N NaOH 소비량을 통해 전분류 산도 규격을 적합 또는 부적합으로 판정한다.

※ 0.02N NaOH 소비량이 3 mL 이하일 때 적합으로 판정(브롬티몰블루 지시약은 산성에서 황색, 중성에서 녹색, 염기성일 때 청색)

4) 실험 결과 및 계산

(1) 계산 방법

$$\text{식품의 산도, 알칼리도} = \frac{(A \times F) - (B \times F_1 + 0.1 \times V \times F_2)}{S} \times 100$$

A: 1N HCl 용액의 사용량(mL)

B: 1N Na_2CO_3 용액의 사용량(mL)

V: 0.1N NaOH 용액의 적정량(mL)

F: 1N HCl 용액의 역가

F_1: 1N Na_2CO_3 용액의 역가

F_2: 0.1N NaOH 용액의 역가

S: 시료 채취량(g)

계산값이 (＋)인 경우는 알칼리도로, (－)인 경우는 산도로 표기하면서 절대값으로 나타낸다.

(2) 계산 예시

다음 실험결과를 이용하여 산도·알칼리도를 구하시오.

측정 항목	측정치	계산 과정
1N HCl 용액의 사용량(mL)	4.9	산도, 알칼리도 $= \frac{(4.9 \times 1.002) - (2.5 \times 1.008 + 0.1 \times 26 \times 1.011)}{5} \times 100$ $= -4.776 \fallingdotseq -4.78$ % (산성 식품)
1N Na_2CO_3 용액의 사용량(mL)	2.5	
0.1N NaOH 용액의 적정량(mL)	26	
1N HCl 용액의 역가	1.002	
1N Na_2CO_3 용액의 역가	1.008	
0.1N NaOH 용액의 역가	1.011	
시료 채취량(g)	5	

MEMO

CHAPTER 9

탄수화물 분석

1. 탄수화물 정성

탄수화물은 당질이라고도 하며 C, H, O의 3원소로 구성된 화합물로 여러 개의 탄소 원자에 물 분자가 결합되어 있는 형태이다. 당의 수에 따라 단당류, 소당류, 다당류로 분류되며 단당류의 경우 탄소 수에 따라 3탄당, 4탄당, 5탄당, 6탄당으로 분류한다. 단당류의 carbonyl기 구조에 따라 알데히드기(-CHO)를 포함하고 있는 알도스와 케톤기(=CO)를 포함하고 있는 케토스로 구분된다. 당류는 알데히드기(-CHO)나 케톤기(=CO)가 유리되었거나 헤미아세탈형으로 존재하는 경우 환원성이 생기며 환원성에 따라 환원당과 비환원당으로 나눌 수 있다. 모든 단당류와 maltose, lactose 등이 환원당에 속하며 sucrose는 대표적인 비환원당이다. 이들 당류가 가지고 있는 carbonyl기의 구조와 당의 환원력 및 당의 결합 수 등에 의하여 시약과 반응하여 정색반응이 나타나며 이를 토대로 당류의 성질을 확인할 수 있다.

당의 종류			당류의 일반 명칭
단당류	삼탄당		글리세르알데하이드, 다이하이드록시아세톤
	오탄당		리보스, 데옥시리보스, 자일로스, 아라비노스
	육탄당	알도스	포도당, 갈락토스, 마노스
		케토스	과당
소당류	이당류		자당, 맥이당, 유당, 셀로비오스, 트레할로스, 멜리비오스, 루티노스, 라피노스
	삼당류		라피노스(포도당+과당+갈락토스)
	사당류		스타키오스(갈락토스 2분자+과당+포도당)
다당류	단순다당류		전분, 섬유소, 글리코젠, 덱스트린, 이눌린
	복합다당류		펙틴, 헤미셀룰로스, 식물성 검, 키틴 등

표 9-1
탄수화물의 분류

전색반응	검출	반응
몰리슈(Molisch) 반응	탄수화물	청자색
바포드(Barfoed) 반응	단당류	적색 침전
페엘링(Fehling) 반응	환원당	적색 침전
베네딕트(Benedict) 반응	환원당	적색 침전
셀리바노프(Seliwanoff) 반응	케토스	주황색

표 9-2
탄수화물의 정색반응

1) 몰리슈(Molisch) 반응

(1) 실험 원리

탄수화물의 일반적으로 나타나는 성색반응으로 반응 시약의 명칭을 따서 알파-나프톨(α-naphthol) 반응이라고도 한다. 아래 구조와 같이 단당류는 강산인 진한 H_2SO_4에 의하여 탈수반응을 일으켜 furfural 유도체(퓨란고리에 알데하이드기가 붙은 구조)가 된다. 이는 다시 알파-나프톨과 반응하여 청자색의 퀴노이드 화합물을 형성한다. 소당류와 다당류의 경우는 산한 황산에 의하여 glycoside 결합이 끊어져 단당류가 되고난 이후에 단당류와 같이 알파－나프톨에 의하여 착색물질을 생성한다.

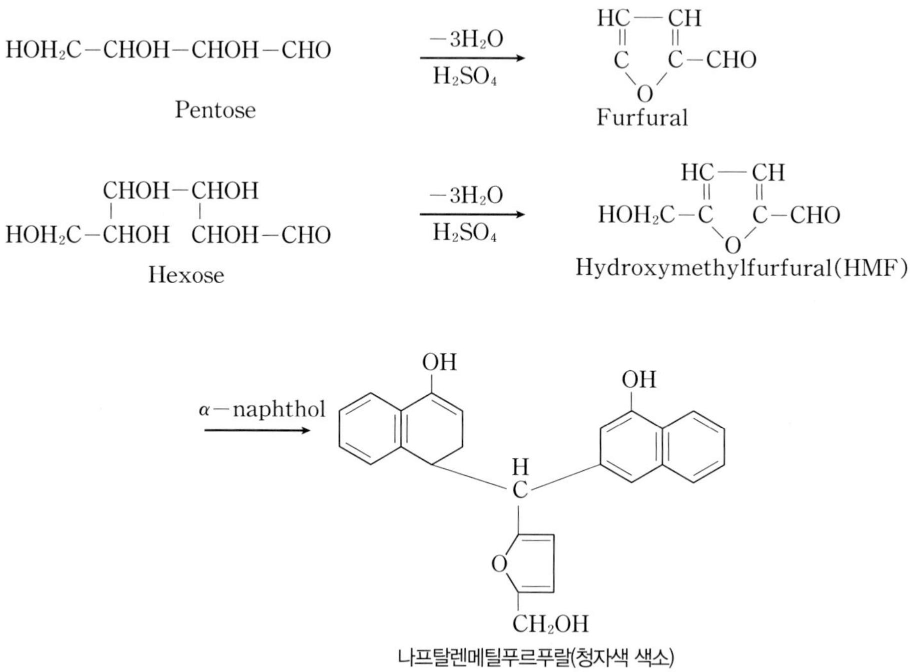

반응구조

(2) 실험 시료 및 시약

① **실험 시료:** 당용액(예시: 1% glucose 용액, 1% fructose 용액)

② **실험 시약**

- 5 % α－naphthol 시약: 분말상의 α－naphthol 1.25 g을 95 % ethanol에 녹여 25 mL로 만든다.
- 진한 황산

(3) 실험 방법

① 시료 1 mL를 시험관에 취한다.

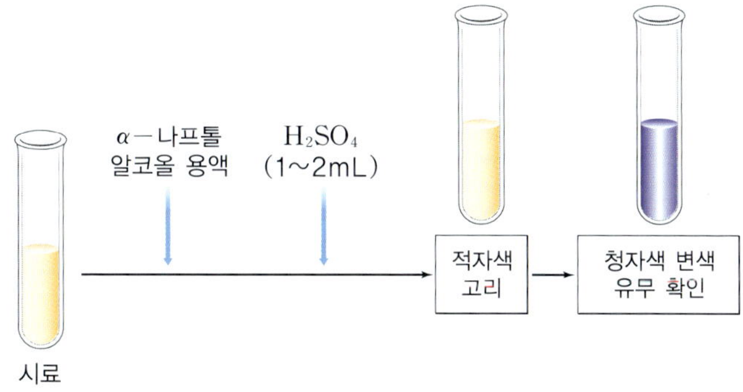

그림 9-1
실험 방법 도식

② 시험관에 5 %의 α－naphthol 시약 3방울을 가하여 잘 섞는다.

③ 시험관 벽을 따라 진한 황산 1 mL를 조심스럽게 가한다.

- 시료층과 황산층의 경계면에 적자색의 환이 생성될 때 흔들지 않는다.

④ 시험관을 흐르는 물에 냉각하면서 흔들어 액을 혼합하면 전체 액은 적~청자색이 된다.

⑤ 불순물이 들어 있으면 녹색을 띠기 때문에 당용액 대신 증류수를 사용하여 동일한 조작을 하여 검정해 본다.

(4) 실험 결과

시료에 당이 포함되어 있는 경우 청자색의 반응액을 확인할 수 있다.

구분	A 용액	B 용액
실험 결과		

2) 바포드(Barfoed) 반응

(1) 실험 원리

바포드 반응은 이당류보다 단당류가 환원성이 강한 성질을 이용하여 단당류를 검출하는 방법이다. 환원당 검출시험은 바포드 반응 이외에도 페엘링(Fehling) 반응 또는 베네딕트(Benedict) 반응이 있다.

실험의 기본 반응식은 아래와 같다.

$2Cu(O \cdot COCH_3)_2$ + 환원당 → $2CuO \cdot COCH_3 + 2CH_3COOH$ + 환원당의 산화물

$2CuO \cdot COCH_3 + H_2O \rightarrow Cu_2O\downarrow + 2CH_3COOH$

---

(2) 실험 시료 및 시약

① **실험 시료:** 당용액(예시: 1 % fructose 용액, 1 % maltose 용액)

② **실험 시약**

- Barfoed 시약: Cupric acetate monohydrate[$Cu(CH_3COO)_2 \cdot H_2O$] 12 g을 225 mL의 끓는 물에 녹이고, 즉시 8.5 % lactic acid 12.5 mL를 가해 교반하고, 냉각 후 250 mL로 조제하고 이를 여과지(filter paper)로 여과한다.
- 8.5 % lactic acid: 89 %의 latic acid 1.9 g을 증류수 18.1 mL를 교반하여 8.5 % latic acid 18.1 mL를 만든다.

(3) 실험 방법

① 시료 1 mL를 시험관에 취한다.

② Barfoed 시약 5 mL를 혼합한 후 100 ℃ 수조에서 5분간 가열한다.

③ 가열 후 4~5분간 방치하면서 침전을 관찰한다.

④ 동일한 조작의 공실험을 검정해본다.

(4) 실험 결과

아래 그림과 같이 시료에 단당류가 존재할 경우 Cu_2O의 적색침전이 생성된다. Maltose, Lactose 등의 환원성 이당류는 약 15분 이상 가열할 경우 Cu_2O의 침전이 생성된다.

구분	A 용액	B 용액
실험 결과		
	Maltose	Fructose

3) 페엘링(Fehling) 반응

(1) 실험 원리

환원당에 $CuSO_4$를 가하면 염기성 환경에서 2가 구리이온(Cu^{2+})이 당류의 알데하이드와 반응하여 산화제일구리(Cu_2O)로 환원된다. 이로 인하여 적갈색의 침전물을 형성되는 반응으로 환원당 검출을 확인할 수 있다.

(2) 실험의 기구 및 시약

① **실험 기구**: 시험관, 피펫

② **시료**: 1 % 당용액

③ **실험 시약**

- Fehling 용액: Fehling A용액에 Fehling B용액을 동량으로 넣어 혼합한다.
  - Fehling A용액: $CuSO_4 5H_2O$ 6.92 g을 증류수에 녹여 100 mL로 만든다.
  - Fehling B용액: 34.6 g의 Rochell염과 NaOH 10 g을 증류수에 녹여 100 mL로 만든다.

(3) 실험 방법

① 시료 1 mL를 시험관에 취한다.

② **Fehling A용액과 Fehling B용액을 각각 1**:1로 혼합한 용액 4 mL를 ①의 시험관에 가한 후 100 ℃ 수조에서 2분간 가열한다.

③ 가열 후 침전을 관찰한다.

(4) 실험 결과

환원당인 경우 적색의 침전물이 생성되며 비환원당인 경우 침전물이 생성되지 않는다.

4) 베네딕트(Benedict) 반응

(1) 실험 원리

페엘링 반응과 같이 환원당에 의해서 Cu_2O의 침전이 생성되는 원리는 같으나 Rochelle염과 NaOH 대신 구연산나트륨과 무수탄산나트륨을 사용하는 것이 차이이다. 베네딕트 용액은 페엘링 용액에 비해 알칼리성이 약해서 더 안정한 것이 특징이다.

(2) 실험의 기구 및 시약

① **실험 기구**: 시험관, 피펫

② **시료**: 1 % 당용액

③ **실험 시약**

- Benedict 용액: Benedict A용액과 Benedict B용액을 1:6의 비율로 섞어 혼합한다.
  - Benedict A용액: 열수에 녹여 0.5 M $CuSO_45H_2O$를 제조한다.
  - Benedict B용액: 0.7 M 시트르산나트륨(sodium citrate)과 0.1 M 무수탄산나트륨(Na_2CO_3) 혼합용액을 제조한다.

(3) 실험 방법

① 시료 1 mL를 시험관에 취한다.

② **Benedict A용액과 Benedict B용액을 각각 1**:1로 혼합한 용액 5 mL를 ①의 시험관에 가한 후 100 ℃ 수조에서 2분간 가열한다.

③ 가열 후 3～5분간 방치하면서 침전을 관찰한다.

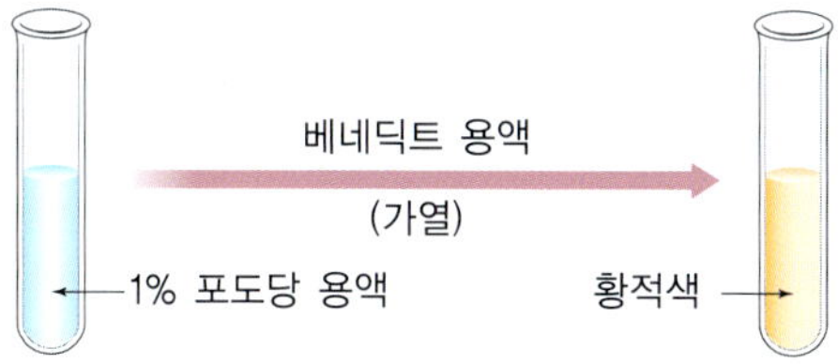

그림 9-2
실험 방법 도식

(4) 실험 결과

환원당인 경우 적색의 침전물이 생성되며 비환원당인 경우 침전물이 생성되지 않는다.

5) 셀리바노프(Seliwanoff) 반응

(1) 실험 원리

Resorcinol 반응이라고도 하며 ketoses가 aldose보다 염산과 같은 강산에 의해 더 빨리 탈수반응을 일으키는 원리를 이용한다. 강산 처리 시 당은 hydroxymethyl furfural 및 furfural 유도체가 되고 이는 resorcinol과 반응하여 적색의 화합물을 형성한다. 따라서 당류의 ketose 검출에 사용되는 방법이다.

(2) 실험의 기구 및 시약

① **실험 기구**: 시험관, 피펫, 수조

② **시료**: 당용액

③ **실험 시약(resorcinol－thiourea)**: resorcinol 0.05 g을 4N－HCl 100 mL에 넣어 용해한다.

(3) 실험 방법

① 시료 1 mL를 시험관에 취한다.

② 위 ①에 Seliwanoff 시약 3 mL를 가하여 섞고, 100 ℃ 수조에서 5분간 가열한다.

③ ketose가 존재하면 적색 및 적갈색의 침전이 생긴다.

(4) 실험 결과

구분	A 용액	B 용액
실험 결과	 Fructose	 Sucrose

2. 환원당 정량

당질에는 환원성을 가진 환원당과 환원성을 가지지 않은 비환원당으로 나눌 수 있다. 식품성분 가운데 환원성을 가지는 물질은 대부분 환원당이며 비환원당의 경우 가수분해 처리를 거쳐 환원당으로 전환시킨 다음 환원당으로 분석하는 것이 일반적이다. 환원당 정량법은 알칼리 환경에서 환원당이 황산구리($CuSO_4$)를 환원시켜 아산화동(Cu_2O)의 침전물을 만들며 이 침전물의 양을 통하여 계산하게 된다. 일반적으로 사용되는 환원당 정량법에는 벨트란법(Bertrand), 소모기법(Somogyi), 레인－에이논법(Lane－Eynone) 등이 있다. 이 방법 중 가장 많이 이용되고 있는 것이 벨트란법이다.

1) 벨트란법(Bertrand)

(1) 실험 원리

환원당 용액에 황산구리($CuSO_4 \cdot 5H_2O$) 용액과 알칼리성(Rochelle염) 용액을 가하면 청색의 수산화구리[$Cu(OH)_2$]가 된다. 이를 가열하면 환원당에 의하여 구리(Cu^{2+})가 환원되어 적색침전의 아산화구리(Cu_2O)가 생성된다.

$$\underset{}{2Cu(OH)_2} + \underset{\text{환원당}}{RCHO} \rightarrow \underset{\text{아산화구리}}{Cu_2O\downarrow} + 2H_2O + RCOOH$$

생성된 Cu_2O를 산성인 황산 제2철[$Fe_2(SO_4)_3$]용액으로 녹이면 침전물은 황산구리로 산화되고, 여기에 비례하여 황산 제2철은 황산 제1철($FeSO_4$)로 환원된다.

$$Cu_2O + \underset{\text{3가철}}{Fe_2(SO_4)_3} + H_2SO_4 \rightarrow 2CuSO_4 + \underset{\text{2가철}}{2FeSO_4} + H_2O$$

생성된 황산 제1철($FeSO_4$)을 $KMnO_4$ 표준용액으로 적정하여 당에 의해 환원된 구리의 양을 계산한다. 벨트란 당류 정량표를 이용하여 계산된 구리량에 상당하는 당량을 구할 수 있다.

$$\underset{\text{녹색}}{10FeSO_4} + \underset{\text{적자색}}{2KMnO_4} + 8H_2SO_4 \rightarrow \underset{\text{황적색}}{5Fe_2(SO_4)_3} + 2MnSO_4 + K_2SO_4 + 8H_2O$$

그러나 당류의 조건과 가열 조건, 당류의 당량 등에 따라서 생성되는 Cu2O의 양이 달라지며, 벨트란표 또한 실험적으로 얻어진 수치이므로 반응식 당량과 정확하게 비례하지 않는다.

(2) 실험의 기구 및 시약

① **실험 기구**: Gooch도가니, glass wool, 250 mL 삼각플라스크, 10 mL 피펫

② **실험 시약**

- 시료: 0.1 % glucose
- 시약
  - A액: $Cu_2O_4 \cdot 5H_2O$ 4 g을 증류수에 용해시켜 100 mL로 제조한다.
  - B액: 알칼리성 Rochelle염(주석산칼륨나트륨, $C_4H_4O_6 \cdot 4H_2O$) 20 g과 NaOH 15 g을 함께 증류수 100 mL에 녹인다. 이 반응에서 발열반응이 나타나기 때문에 증류수를 한꺼번에 가하지 않는다.
  - C액: 발열반응에 주의하며 $Fe_2(SO_4)_3$ 5 g을 증류수에 완전히 녹이고 여기에 진한 H_2SO_4 20 g을 가하여 250 mL가 되도록 제조한다.
  - D액: $KMnO_4$ 0.5 g을 증류수에 용해시켜 100 mL로 제조하고 실온에 2일간 방치한 뒤 여과지(filter paper)로 여과하여 갈색병에 보관한다. $KMnO_4$ 표준용액 1 mL에 상당하는 구리의 양(mg)은 아래의 방법을 이용하여 정확히 구한다.

$KMnO_4$ 표준용액 1 mL에 상당하는 구리의 양(mg) 측정법

수산암모늄 0.2 g을 정확히 칭취하여 물 100 mL에 녹이고 H_2SO_4 2 mL를 가하여 60～80 ℃로 가열한 뒤 $KMnO_4$ 용액으로 적정한다.

$$구리(Cu)량(mg) = \frac{칭취한\ 수산암모늄의\ 양(mg) \times 63.55 \times 2}{KMnO_4\ 적정\ mL\ 수 \times 142.11}$$

예제)

$$구리(Cu)량(mg) = \frac{칭취한\ 수산암모늄의\ 양 \times 63.55 \times 2}{KMnO_4\ 적정\ mL\ 수 \times 142.11} = \frac{200 \times 63.55 \times 2}{17 \times 142.11} = 11.92$$

(3) 실험 방법

① 250 mL 삼각플라스크에 시료 20 mL를 피펫으로 정확히 취한다.

② 여기에 Bertrand A액 20 mL, B액 20 mL를 각각 플라스크에 넣고 흔들어 혼합한다.

③ 혼합액을 가열하여 끓기 시작하는 시점에서 3분간 가열한다. 이때 상징액은 청색이며 적자색의 침전이 생긴다. 그러나 환원당의 양이 지나치게 많은 경우 상징액이 청색을 띠지 않고 적자색의 침전이 많이 생기게 된다. 이 경우 시료의 환원당 함량이 높기 때문에 채취량을 줄이거나 시료를 제조한 경우 농도를 줄인다.

④ Aspirator장치를 한 1 L 플라스크에 glass wool을 깐 Gooch도가니를 장치하고 위 액을 여과시키되 침전물을 되도록 플라스크에 남긴다.

⑤ 남은 침전물에 20 mL 정도의 더운 증류수로 침전을 씻은 후 다시 여과하는 조작을 4~5회 반복한다.

⑥ 여과액을 버리고 플라스크를 잘 씻어서 다시 장치한 후 소량의 C액을 가해 glass wool에 있는 침전물을 녹인다.

⑦ 침전물을 녹인 후 플라스크 속의 여과액을 침전물이 있는 삼각플라스크에 옮기고 C액 20 mL를 가해 침전물을 완전히 녹인다.

⑧ D액으로 적정하며 이때 용액의 색은 황록색에서 엷은 적자색으로 변하여 30초가 유지되는 지점을 종말점으로 한다.

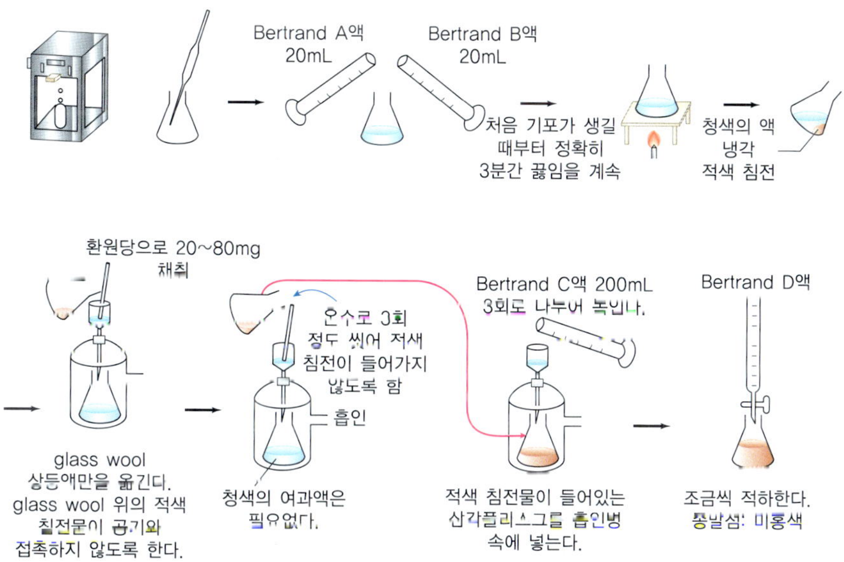

그림 9-3
실험 방법 도식

(4) 결과 예시

① **시료채취량**: 20 mL

② **$KMnO_4$ 적정치**: 3 mL

③ Cu(mg) = V × F = 11.92 × 3 = 35.77

V: $KMnO_4$ 용액의 적정소비량(mL)

F: $KMnO_4$ 용액 역가 즉, 1 mL에 상당하는 구리의 양(mg)

* Bertrand표를 이용하여 Cu양에 해당하는 환원당의 양을 구함

당류 (mg)	각 당류에 상당하는 구리 중량(mg)				
	전화당	포도당	갈락토오스	맥아당	유당
15	30.5	30.2	28.6	28.6	21.4
16	32.5	32.2	30.5	30.5	22.8
17	34.5	34.2	32.2	32.2	24.2
18	36.4	36.2	34.2	34.2	25.6
19	38.4	38.1	36.0	36.0	27.0

1 : 2 = x : 0.43(36.2 − 35.77)

x = 0.22

17 + 0.22 = 17.22

− $KMnO_4$ 표준용액 1 mL 상당하는 구리의 양: 17.22 mg

환원당량 계산

예시)

$$환원당(\%) = \frac{A \times D}{S} \times 100$$

A: 벨트란 당류 정량표로부터 구한 당의 양(g), D: 희석배수, S: 시료 채취량(g) = $\frac{17.22 \times 1}{20} \times \frac{1}{1,000} \times 100 = 0.086\ \%$

각 당류에 상당하는 동 중량(mg)						각 당류에 상당하는 동 중량(mg)					
당류	전화당	포도당	갈락토오스	맥아당	유당	당류	전화당	포도당	갈락토오스	맥아당	유당
10	20.6	20.4	19.3	11.2	14.4	58	109.2	109.3	104.9	63.5	78.8
11	22.6	22.4	21.2	12.3	15.8	59	110.9	111.1	106.6	64.6	80.1
12	24.6	24.3	23.0	13.4	17.2	60	112.6	112.8	108.3	65.7	81.4
13	26.5	26.3	24.9	14.5	18.6	61	114.3	114.5	110.0	66.8	82.7
14	28.5	28.3	26.7	15.1	20.0	62	115.9	116.2	111.6	67.9	83.9
15	30.5	30.2	28.6	16.7	21.4	63	117.6	117.9	113.3	68.9	85.2
16	32.5	32.2	30.5	17.8	22.8	64	119.2	119.6	115.0	70.0	86.5
17	34.5	34.2	32.3	18.9	24.2	65	120.9	121.3	116.6	71.1	87.7
18	36.4	36.2	34.2	20.0	25.6	66	122.6	123.0	118.3	72.2	89.0
19	38.4	38.1	36.0	21.1	27.0	67	124.2	124.7	120.0	73.0	90.3
20	40.4	40.1	37.9	22.2	28.4	68	125.9	126.4	121.7	74.0	91.6
21	42.3	42.0	39.8	23.3	29.8	69	127.5	128.1	123.3	75.4	92.8
22	44.2	43.98	41.6	24.4	31.1	70	129.2	129.8	125.0	76.5	94.1
23	46.1	45.8	43.4	25.5	32.5	71	130.8	131.4	126.6	77.6	95.4
24	48.0	47.7	45.2	26.6	33.9	72	132.4	133.1	128.3	78.6	96.9
25	49.8	49.6	47.0	27.7	35.2	73	134.0	134.7	130.0	79.7	98.0
26	51.7	51.5	48.9	28.9	36.6	74	135.6	136.3	131.5	80.8	99.1
27	53.6	53.4	50.7	30.3	38.0	75	137.2	137.9	133.1	81.8	100.4
28	55.5	55.3	52.5	31.1	39.4	76	138.9	139.6	134.8	82.9	101.7
29	57.4	57.2	54.4	32.2	40.7	77	140.5	141.2	136.4	84.0	102.9
30	59.3	59.1	56.2	33.3	42.1	78	142.1	142.8	138.0	85.1	104.2
31	61.1	60.9	58.0	34.4	43.4	79	143.7	144.5	139.7	86.1	105.4
32	63.0	62.8	59.7	35.5	44.8	80	145.3	146.1	141.3	87.2	106.7
33	64.8	64.6	61.5	36.5	46.1	81	146.9	147.7	142.9	88.3	107.9
34	66.7	66.5	63.3	37.6	47.4	82	148.5	149.3	144.6	89.4	109.2
35	68.5	68.3	65.0	38.7	48.7	83	150.0	150.9	146.2	90.4	110.4
36	70.3	70.1	66.8	39.8	50.1	84	151.6	152.5	147.8	91.5	111.7
37	72.2	72.0	68.6	40.9	51.4	85	153.2	154.0	149.4	92.6	112.9
38	74.0	73.8	70.4	41.9	52.7	86	154.8	155.6	151.1	93.7	114.1
39	75.9	75.7	72.1	430	54.1	87	156.4	157.2	152.7	94.8	115.4
40	77.7	77.5	73.9	44.1	55.4	88	157.9	158.3	154.0	95.8	116.6
41	79.5	79.3	75.6	45.2	56.7	89	159.5	160.4	156.0	96.9	117.9
42	81.2	81.1	77.4	46.3	58.0	90	161.1	162.0	157.6	98.0	119.1
43	83.0	82.9	79.1	47.4	59.3	91	162.6	163.6	159.2	99.0	120.3
44	84.8	84.7	80.8	48.5	60.6	92	164.2	165.2	160.8	100.1	121.6
45	86.5	86.4	82.5	49.5	61.9	93	165.7	166.7	162.4	101.1	122.8
46	88.2	88.2	84.3	50.6	63.3	94	167.3	168.3	164.0	102.2	124.0
47	90.0	90.0	86.6	51.7	64.6	95	168.8	169.9	165.6	103.2	125.3
48	91.0	91.8	87.7	52.8	65.9	96	170.3	171.5	167.2	104.2	126.5
49	93.6	93.6	89.5	53.9	67.2	97	171.9	173.1	168.8	105.3	127.7
50	95.4	95.4	91.2	55.0	68.5	98	173.4	174.6	170.4	106.3	128.9
51	97.1	97.1	92.9	56.1	69.8	99	175.0	176.2	172.0	107.4	130.2
52	98.8	98.9	94.6	57.1	71.1	100	176.5	177.8	173.6	108.4	131.4
53	100.6	100.6	96.3	58.2	72.4						
54	102.2	102.3	98.0	59.3	73.7						
55	104.0	104.0	99.7	60.3	74.9						
56	105.7	105.8	101.5	61.4	76.2						
57	107.4	107.6	103.2	62.5	77.5						

자료: 식품의약품안전처, 식품공전, 벨트란 당류 정량표

2) 소모기법(Somogyi)

(1) 실험 원리

이 법은 주로 미량의 당을 정량할 때에 사용하는 시험법으로 구리염 환원법과 요오드 적정법을 병용하여 환원당의 정량에 사용한다. 즉, Cu^{+2}의 환원에 의하여 생성된 Cu^{+}은 KlO_3와 Kl로부터 생성되는 I_2를 정량적으로 소비하므로 잔존하는 I_2를 NaS_2O_3용액으로 적정하여 소비한 I_2양을 구한 다음 이로부터 당 함량을 산출한다. 기본 반응은 다음과 같다.

$KIO_3 + 5KI + 3H_2SO_4 \rightarrow 3K_2SO_4 + 3H_2O + 3I_2$

$2Cu_2 + I_2 \rightarrow 2Cu^{2+} + 2I^-$

잔존하는 I_2를 $Na_2S_2O_3$용액으로 적정한다.

$2Na_2S_2O_3 + I_2 \rightarrow Na_2S_4O_6 + 2NaI$

(2) 실험의 기구 및 시약

① **실험 기구**: 분광광도계, 뷰렛, 피펫, 알코올램프

② **실험 시약**

- 시료: 당용액
- 시약
  - 구리시약: 제이인산나트륨($Na_2HPO_4 \cdot 12H_2O$) 71 g, 주석산칼륨나트륨 40 g을 증류수 400 mL에 녹인 다음 1N NaOH 100 mL를 가하여 섞고 황산제이동 용액($CuSO_4 \cdot 5H_2O$ 10 g을 증류수 100 mL에 용해시킨 용액)을 80 mL를 가한다. 황산나트륨($Na_2SO_4 \cdot 10H_2O$) 410 g을 가하여 녹이고 1N 요오드산칼륨용액(KIO_3) 25 mL를 가하여 증류수로 1 L로 맞춘다. 이것을 1～2일간 방치한 다음 여과하여 갈색병에 저장한다. 이 시약은 포도당 0.01～3 mg/5 mL를 정량할 수 있다.
  - 2.5 % 요오드화칼륨용액
  - 0.005N $Na_2S_2O_3 \cdot 5H_2O$

- 2N H_2SO_4
- 1 % 전분 지시약: Soluble starch 1 g을 증류수 100 mL에 용해시킨다.

(3) 실험 방법

① 시료 5 mL를 시험관에 취하고 구리시약 5 mL를 가한다(공시험은 증류수로 실험을 실시한다).

② 시험관은 유리마개로써 마개로 덮고 끓는 탕욕 중에 잠기게 가열한다.

③ 2.5 % 요오드화칼륨용액 2 mL를 천천히 넣고 이어 2N 황산 1.5 mL를 빨리 넣고 흔들어 섞어 침전을 완전히 녹인다.

④ 여기에 지시약으로 전분시액 1 mL를 넣어 석출된 요오드를 0.005 N 티오황산나트륨액으로 적정한다. 이때 보라색이 없어지는 지점을 종말점으로 한다.

⑤ 환원당의 양은 다음 식에 따라서 계산한다.

(4) 실험 결과

$$\text{당량(\%)} = \frac{(B - A) \times f \times D \times 1.55}{S} \times 100$$

B: 공시험 적정값(mL)

A: 시료의 적정값(mL)

f: 0.005N－$Na_2S_2O_3$의 역가

D: 희석배수

1.55: 0.005N－Na_2S_2O 1 mL에 해당하는 glucose mg수

S: 시료 채취량(g)

■ standard curve 예시

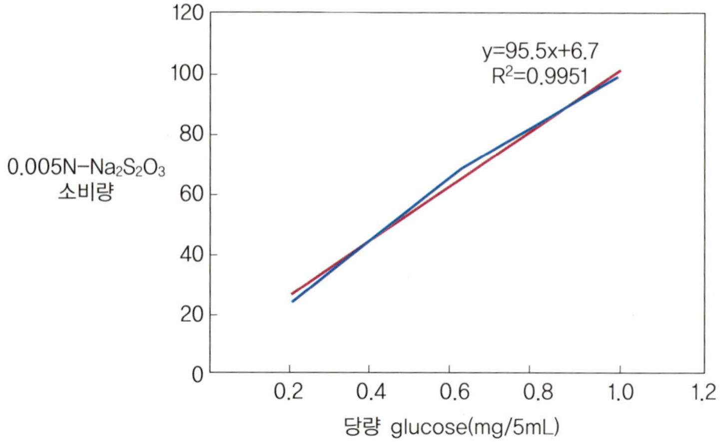

3. 전당 정량

1) 페놀 황산(Phenol－H_2SO_4)법

(1) 실험 원리

비색분석이란 시료의 성분이 시약과 반응하여 발색시켜 그 용액 색의 강도에 따른 표준색과 비교하여 성분을 정량하는 분석방법을 의미한다. 페놀 황산(Phenol－H_2SO_4)법은 비색분석법의 일종으로 미량 성분 분석에 적합한 비색분석법을 사용한다. 페놀 황산법은 실험과정에서 진한 황산을 처리하기 때문에 전분, 셀룰로오스와 같은 고분자물질을 시료로 할 경우 전처리 없이 시료로 사용할 수 있다는 장점이 있다.

실험의 기본반응은 아래와 같다.

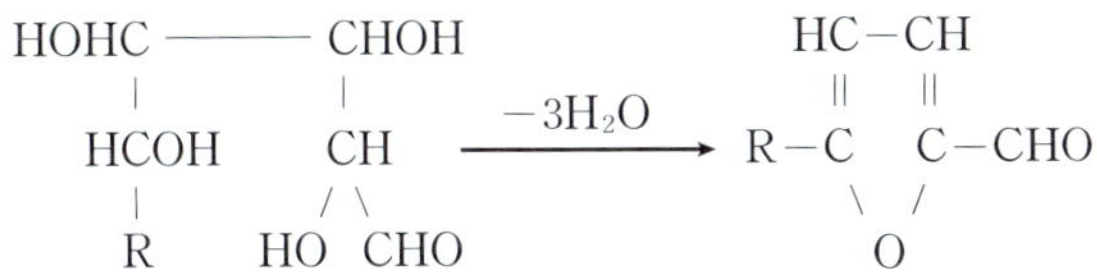

환원당　　가수분해　　Furfural or 유도체

(2) 실험 시약

5 % 페놀용액, 진한 황산, Glucose 용액

(3) 실험 방법

① standard curve 작성

- Glucose 용액을 이용하여 0, 25, 50, 75, 100(μg/mL) 표준용액을 만든다.
- 표준용액에서 0.2 mL를 취하여 새로운 시험관에 옮긴다.
- 시험관에 5 % 페놀용액 0.2 mL를 가하여 잘 혼합한다.
- 혼합액에 1 mL의 진한 황산을 액면에 가하여 가수분해 반응이 균일하게 일어날 수 있도록 강하게 반응시킨다.
- 이를 잘 혼합하고 실온에 20～30분간 방치하였다가 470 nm에서 분광광도계(stectrophotometer)를 이용하여 흡광도를 측정한다.
- 엑셀을 이용하여 농도에 따른 흡광도 그래프로 그린다.

② 시료 흡광도 측정

- 시료 1 mL에 페놀용액 1 mL를 가하여 잘 혼합하고 진한 황산 5 mL를 액면에 가하여 강하게 발열시킨다.
- 다음 잘 혼합하고 실온에 20～30분간 방치하였다가 470 nm에서 분광광도계를 이용하여 흡광도를 측정한다.
- Standard curve의 추세선 수식의 y값에 시료의 흡광도를 대입하여 당 함량(x축 값)을 구한다.

(4) 결과

- standard curve 예시

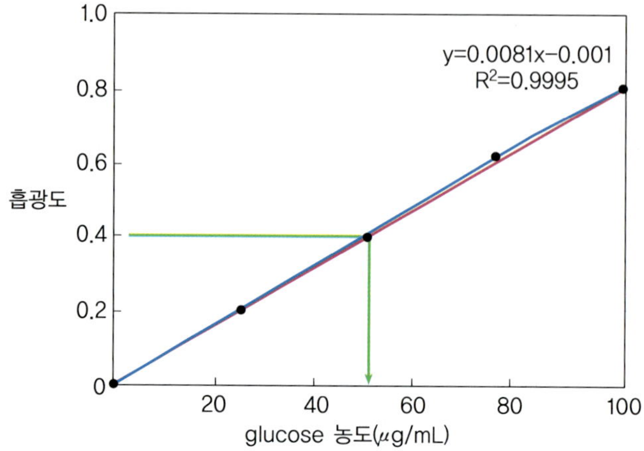

MEMO

PART 3

미생물 분석

CHAPTER 10

미생물 실험의 개요

1. 미생물 실험법

식품 분야에서 미생물 실험은 식품의 오염 또는 부패와 연결되는 중요한 부분이다. 미생물 실험은 주변 환경과 상황에 따라 미생물이 증식하거나 사멸하기 쉽다. 또한, 검체(검사 시료) 중에 함유되어 있던 미생물 외에 별개의 미생물이 실험 방법 중 오염될 수 있기 때문에 실험 상의 오염을 방지하기 위하여 모든 실험은 무균조작하고, 주변 실내는 항상 청결을 유지하여야 한다. 식품에서 번식하는 미생물의 종류 또는 그 수를 정성 및 정량하기 위해 검체의 채취, 취급, 운송, 검사가 기본적으로 이루어져야 한다.

1) 검체 채취 기구

(1) 검체 채취 용액, 장갑, 검체 채취용 스펀지 또는 멸균거즈, 멸균 용기(비닐백, 초자류, 페트리 디시 등) 등 모든 준비물은 반드시 멸균된 것을 사용해야 한다.

(2) 매스, 핀셋, 약수저, 가위 등은 미리 몇 개씩 건열 및 화염멸균을 한 다음 1개의 검체마다 바꾸어 가면서 사용해야 한다.

2) 검체 채취

(1) 검체 채취 시에 특히 주의할 것은 주변 환경, 손, 옷, 수송용기, 검체 채취 도구 등에 묻어 있는 미생물에 의해 검체가 오염되어 결과의 오류를 가져올 수 있으므로 무균적으로 검체를 채취하는 것이 가장 중요하다.

(2) 검체 채취 전에 사용할 테이블은 0.05 % 차아염소산 나트륨(sodium hypochlorite), 다른 소독제 등을 수건에 묻혀 깨끗이 닦아낸다. 또한, 멸균 장갑을 반드시 착용하여야 하며, 검체 채취 용기의 외부는 오염되어 있다는 것을 명심하고 채취 용기의 내부를 함부로 만지지 않도록 한다.

(3) 미생물학적 검사를 하는 검체는 잘 섞어도 균질화가 어렵기 때문에 실제와는 다른 검사 결과를 가져올 경우가 많다. 따라서 검체가 균질에 가깝게 만들어주는 것이 중요하다. 검체의 균질화를 위하여 액상 검체인 경우에는 강하게 진탕하고, 고형 및 반고형인 검체는 균질기(homogenizer 또는 stomacher)를 이용하여 채취 용액과 혼합하여 균질화한 것을 검체로 사용한다.

(4) 멸균 검체 채취 희석 용액은 오염되지 않은 것인지를 확인하고 오염된 것은 버려야 한다.

3) 검체 용액 조제

(1) 미생물 검사용 검체는 25 g(mL)을 기준으로 검사하는 것을 원칙으로 한다. 다만 검체 양이 적을 경우나 필요에 따라서 10 g(mL) 또는 그 이하의 양으로 검사할 수도 있다.

(2) 채취한 검체는 필요에 따라 10배, 100배, 1,000배 등 희석 용액을 만들어 사용할 수 있다.

(3) 희석 용액은 인산염 완충 희석액(Butterfield's phosphate buffered dilution water: BPD)을 사용하는 것을 원칙으로 하고, 멸균생리식염수 등을 사용할 수 있다.

(4) 용기를 포장한 대로 검체를 채취한 때에는 그 외부를 물로 씻고 자연 건조한 다음 마개 및 그 하부 5~10 cm의 부근까지 70 % 알코올 탈지면으로 닦고, 화염멸균한 후 멸

균한 기구로 개봉, 또는 개관하여 2차 오염을 방지하여야 한다.

(5) 지방분이 많은 검체의 경우는 Tween 80과 같은 세균에 독성이 없는 계면활성제를 첨가하는 것이 좋다.

(6) 실험을 실시하기 직전에 검사 검체에 따라 다음과 같이 실험 용액을 조제한다.

① **액상 검체**: 채취된 검체를 강하게 진탕·혼합한다.

② **반유동 검체**: 채취된 검체를 멸균 유리봉 등으로 잘 혼합한 후 일정량(10～25 mL)을 멸균용기에 취해 9배 양의 멸균생리식염수와 혼합한다.

③ **고체 검체**: 검체 10～25 g을 잘라 멸균생리식염수를 가해 저온으로 균질화한 후 다시 멸균생리식염수를 가해 일정량(100～250 mL)으로 한다.

④ **분말상 검체**: 검체를 잘 혼합한 후 일정량(10 g)에 멸균생리식염수와 혼합한다.

⑤ **버터와 아이스크림류**: 40 ℃ 이하의 온탕에서 15분 내에 용해시켜 10 mL를 취한 후 멸균생리식염수를 가하여 100 mL로 한다.

⑥ **캡슐 제품류**: 검체의 일정량(10～25 g)을 취한 후 9배 양의 멸균생리식염수를 가해 균질화 한다. 필요에 따라 10배, 100배, 1,000배 등 희석액을 만들어 사용한다.

⑦ **냉동식품**: 40 ℃ 이하에서 단시간에 녹여 상기의 방법으로 조제한다.

4) 검체 운송

(1) 미생물로부터 증식을 막기 위하여 깨지지 않는 용기에 밀봉 및 밀폐하고 냉장상태를 유지하여 운송한다.

(2) 일부 세균들은 저온에 민감하므로 냉장상태(5±3 ℃)로 운송하며, 냉동제품은 냉동상태(−15±3 ℃)로 운송한다.

(3) 미생물학적 검사용 검체일지라도 건조된 파우더와 같이 변질 또는 부패될 우려가 없는 검체는 냉장상태에서 운반할 필요는 없으나 2차 오염을 방지하기 위하여 밀봉 및 밀폐한다.

(4) 냉장 운반을 위하여 얼음을 사용할 때에는 2차 오염을 방지하기 위하여 검체에 직접 접촉되지 않도록 주의하여야 한다.

(5) 저온 유지가 힘들거나 즉시 운송이 힘들 경우에는 반드시 채취일 및 채취 당시의 검체 상태를 상세히 기록하여야 한다.

5) 검사

검체는 반드시 채취 당일 검사를 실시해야 하며 불가피하게 수송 등으로 당일 검사가 불가능할 경우 냉장상태로 보관하되 최소한 채취 후 36시간 이내에 검사를 실시해야 한다.

2. 실험 기기 및 기구

1) 실험 기기

(1) 배양기(Incubator)

미생물의 생장에 필요한 적정온도를 유지하여 배양하는 장치이다. 항온기, 항온실, 진탕배양기 등 실험 목적에 따라 다양한 형태의 기기가 사용된다.

① **정치 배양기 또는 항온기**: 고체 및 액체배지를 이용하여 미생물을 배양하는 데 이용

② **진탕 배양기(Shaking incubator)**: 액체배지를 이용하여 증식시킬 때 이용하며 산소 공급을 위해 좌우 또는 회전 방식으로 검체를 진탕시킨다.

③ **CO_2(이산화탄소) 배양기**: 이산화탄소를 첨가한 기체 환경을 유지하는 기능을 갖춘 항온장치로 주로 식물 및 동물세포배양(조직배양)에 이용된다

④ **혐기성 배양기(Anaerobic incubator)**: 분자상 산소가 없는 상태에서 미생물을 배양하는 것으로 산소 및 유해가스를 제거하거나 혐기성을 유지하기 위해 질소 및 이산화탄소 등을 공급하도록 고안되어 있다.

(2) 무균대(Clean bench)

무균의 실험대 역할을 하며, 공기를 필터로 제균하여 무균대(clean bench) 안으로 불어넣고 외부의 압력보다 높은 에어커튼(air curtain)이 형성되어 있어서 외부의 오염된 공기는 들어가지 못하게 차단되어 실험대 위의 공간은 무균상태로 된다. 공기의 흐름이 수평인 형과 수직인 형이 있으며 내부에는 살균 등과 조명등이 장치되어 있다.

(3) 멸균기(Autoclave)

고온·고압을 요구하는 산업에 사용하거나 혹은 멸균을 위하여 사용하는 압력솥과 흡사한 장치로 멸균기는 미생물을 조작하는 데 많이 이용된다. 특히 멸균은 121 ℃, 15분에서 배지, 시약, 기구 등을 무균상태로 만드는 것이 일반적이다. 따라서 균의 실패 및 장비 고장의 원인을 제공할 수 있기 때문에 가열판과 온도제어 센서의 관리가 중요하다.

(4) 원심분리기(Centrifuge)

미생물 실험에서 일반적으로 배양액과 균을 분리하는, 즉 고체－액체상의 분리의 첫 단계로 원심분리를 많이 사용한다. 원심분리는 고체와 고체를 둘러싼 액체 간의 밀도 차를 이용한다. 부유물이 있는 현탁액을 가만히 두면 밀집한 고체는 중력의 영향으로 서서히 가라앉게 되는데 이러한 과정이 침전(sedimentation)이다. 이러한 침전을 원심력을 이용하여 빠르게 침강을 유도하며, 시간당 회전수를 증가할수록 침전 속도가 증가한다.

(5) 초순수 제조 장치(Ultra Pure Water System)

일반적으로 깨끗하다고 하는 물에도 염분이나 미생물이 포함되어 있으며 이러한 함유물을 거의 제거하는 시스템이다. 화학반응, 배지 등의 제조에 있어 순수한 물이 필요한 경우가 많기 때문에 이런 경우에 증류수를 사용한다.

(6) 광학현미경(Optical microscope)

표본으로부터 빛을 사용하여 대물렌즈에 의해 표본이 확대된 실상을 맺고, 이것을 접안렌즈에 의해서 재확대하는 장치이다. 일반적으로 현미경이라고 할 때는 이것을 가리킨다.

광학현미경은 최대 1,000배까지 확대가 가능하며 고배율로 갈수록 빛의 굴절을 방지하여 해상력을 높이기 위해 유침유(immersion oil)를 이용한다.

배양기

무균대

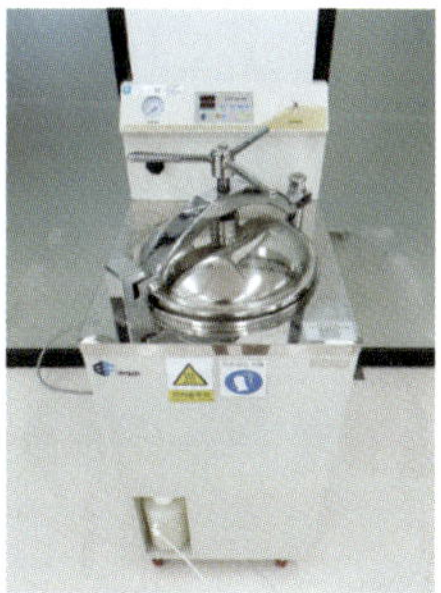

멸균기

원심분리기

초순수 제조 장치

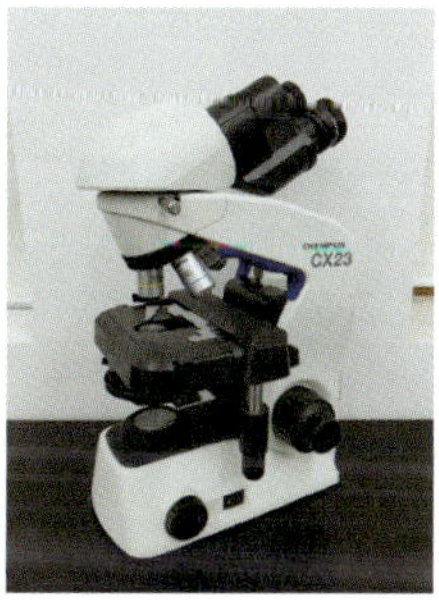

광학현미경

실험 기기

2) 실험 기구

(1) 용량측정기구: 피펫, 고무필러, 마이크로 피펫, 피펫 팁, 메스실린더, 뷰렛

(2) 배양기구: 시험관, 삼각플라스크, 페트리 디시(petri dish), 발효관(Durham tube)

(3) 조제 및 혼합기구: 비커, 볼텍스 믹서(vortex mixer), 마그네틱 바, 슬라이드/커버 글라스

(4) 도말기구: 백금선, 백금이, 백금구, 스프레더

(5) 가열기구: 알코올램프, 전기히터

(6) 운반기구: 바구니, 랙(rack)

(7) 기타기구: 데시케이터(desiccator), 깔때기, 세척병, 세척용구

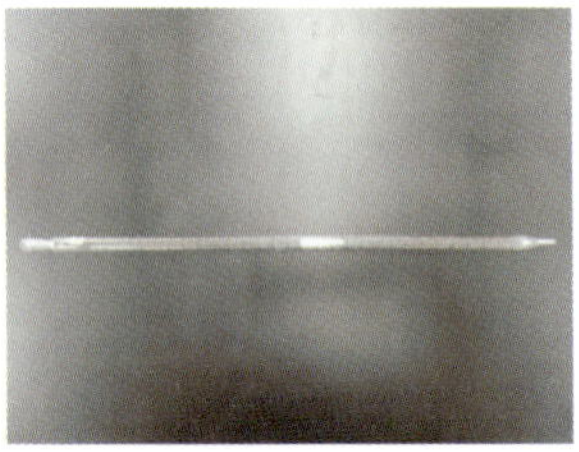

피펫

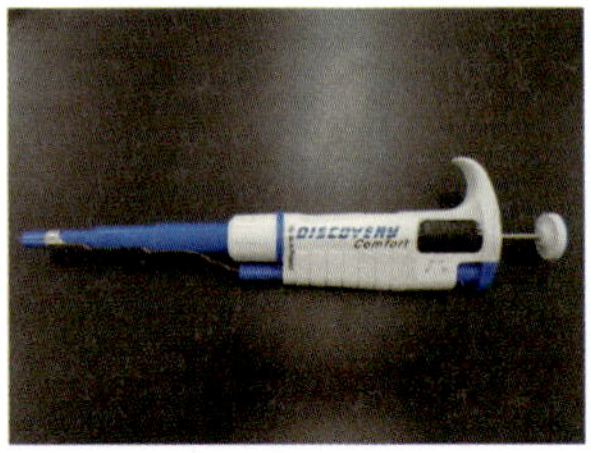

마이크로 피펫

고무필러

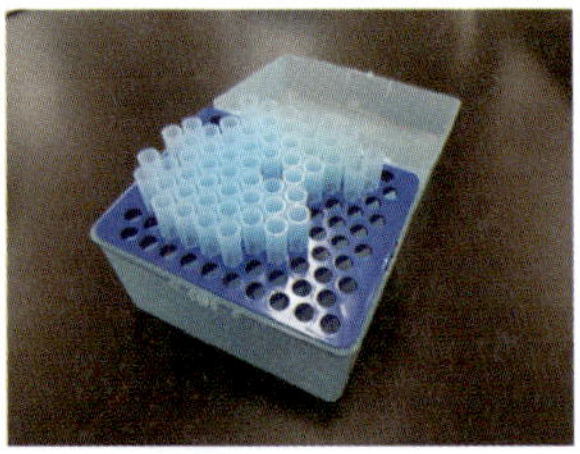

피펫 팁

메스실린더

뷰렛

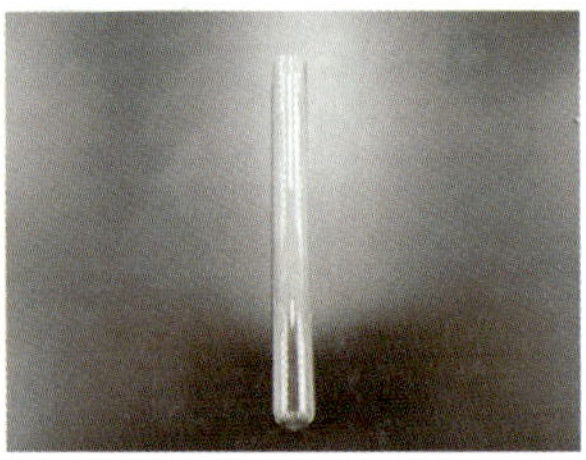

시험관

삼각플라스크

페트리 디시

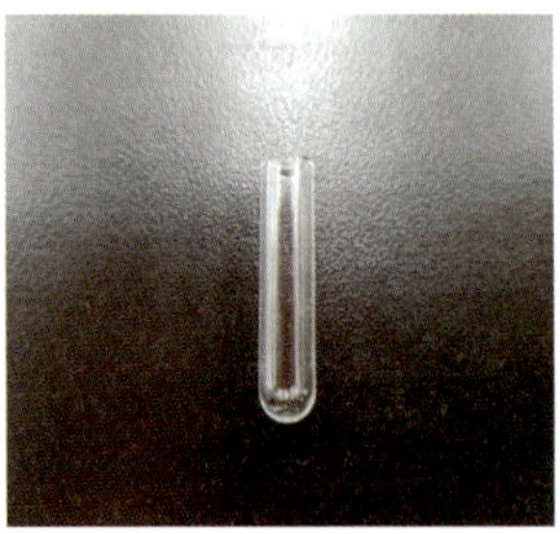

발효관

비커

볼텍스 믹서

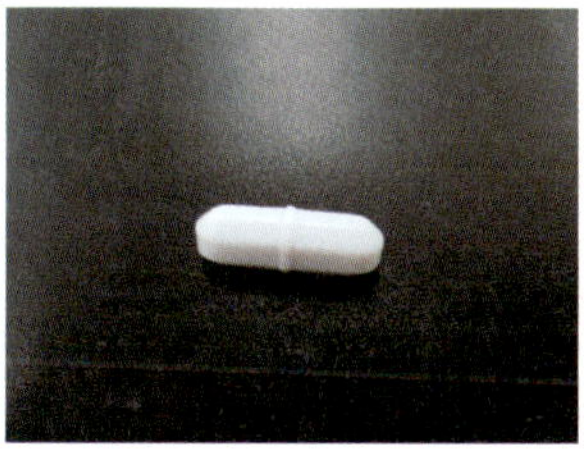

마그네틱 바

슬라이드 글라스

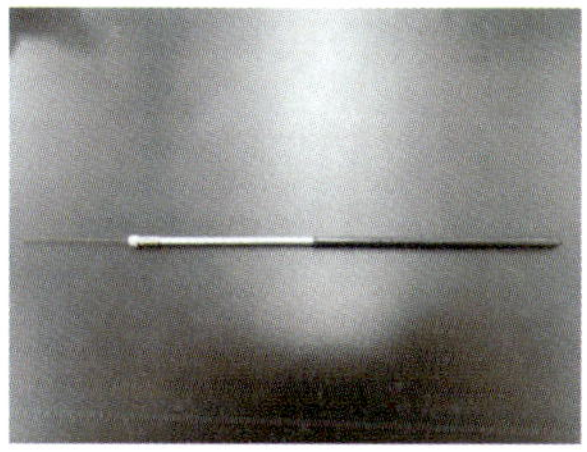

백금이

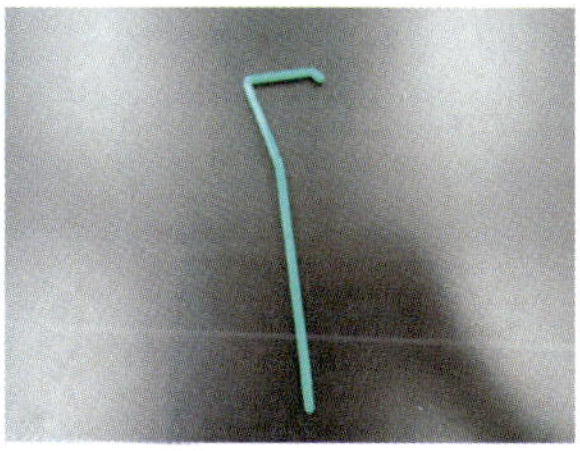

스프레더

알코올램프

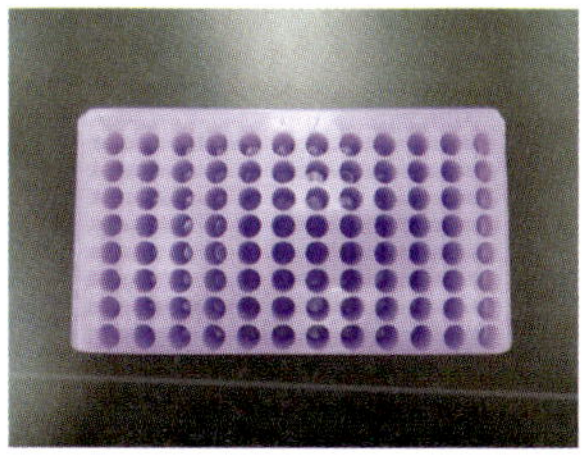

랙

데시케이터

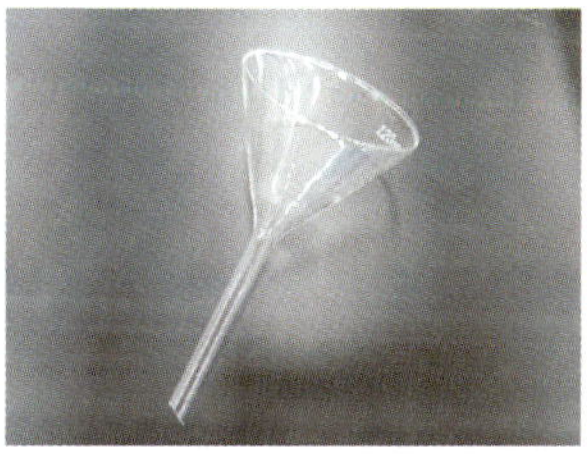

깔때기

세척병

실험 기구

CHAPTER 11

미생물 실험법

1. 배지의 조제 및 접종

1) 실험 목적

(1) 미생물이나 동·식물 조직의 증식을 위해 필요한 영양물질을 인위적으로 혼합한 것을 배지라 한다. 이러한 다양한 배지의 종류와 제조는 미생물의 생육조건과 사용목적에 따라 다르기 때문에 적합한 배지를 선택해야 한다. 따라서 본 실험의 목적은 배지의 분류, 제조 시 주의사항 및 제조 과정에 대한 이론과 제조 방법을 익힌다.

(2) 미생물의 증식을 위해 배지를 사용하여 미생물을 키우는 것을 배양이라고 한다. 미생물이 배양된 배양액으로부터 순수분리를 위한 목적으로 새로운 배지에 접종하는 방법을 익힌다.

2) 실험 원리

(1) 배지의 주요 성분

미생물을 배양하기 위하여 미생물 증식에 필요로 하는 영양물질(물, 에너지원, 탄소원, 질소원, 무기염류, 생장인자 등)을 포함하고 있는 혼합물을 배지(culture medium)라 한다. 일부 미생물은 공기 중의 이산화탄소나 질소를 영양원으로 사용하기도 하지만 대부분의 미생물은 대량 원소[탄소(C), 질소(N), 산소(O), 수소(H), 인(P), 황(S), 칼륨(K), 칼슘(Ca), 마그네슘(Mg)]와 미량 원소[철(Fe), 망간(Mn), 아연(Zn), 구리(Cu)] 등의 원소를 필요로 한다. 미생물의 주요 영양원은 크게 4가지로 구분할 수 있다.

① **탄소원(carbon source)**: 탄소원은 에너지원으로서도 이용되며, 미생물의 배양에서 배지 성분으로 가장 많이 사용되는 탄소원으로는 포도당(glucose)과 설탕(sucrose)이 있다. 이 외에는 과당(fructose), 엿당(maltose), 젖당(lactose) 및 전분(starch) 등의 당류, 사과산(malic acid)과 구연산(citric acid) 등의 유기산류 및 분자량이 적은 지방산(fatty acid) 등도 사용된다.

② **질소원(nitrogen source)**: 질소원은 생물체에 중요한 단백질과 핵산 염기 등의 합성에 이용된다. 대부분의 미생물은 암모니아 가스, 암모늄염이나 질산염 등의 무기 상태 질소를 이용할 수 있으나, 미생물의 종류에 따라서는 아미노산 또는 유도 단백질로 펩톤(peptone)과 같은 유기 상태 질소를 요구하는 것도 있다.

③ **무기염류(minerals)**: 무기염류는 생물체를 구성하는 원소 중에서 탄소, 수소, 산소 등을 제외한 생물체의 무기적 구성요소뿐 아니라 배지의 pH와 삼투압의 조절에도 중요한 역할을 한다. 비교적 많이 요구되는 무기염류로는 인(P), 나트륨(Na), 칼륨(K), 마그네슘(Mg), 황(S), 철(Fe), 염소(Cl) 등이 있으며, 미생물의 종류에 따라 칼슘(Ca), 망간(Mn), 아연(Zn), 구리(Cu) 등을 필요로 하는 것도 있다. 천연 배지 재료를 사용할 때에는 별도로 무기염류를 첨가하지 않아도 되는 경우가 많다. 필요할 때에는 P, Na, K은 인산나트륨, 인산칼륨으로, Mg와 S는 황산마그네슘 또는 염화마그네슘으로서 배지에 첨가한다.

④ **생장 인자(growth factors)**: 대부분의 미생물은 탄소원, 질소원과 무기염류를 이용하여 필요한 모든 유기물질을 합성할 수 있는데 이들을 원영양체(prototroph)라 한다. 그러나 일부 미생물, 즉 영양요구균(auxotroph)은 미량으로 요구되는 특정한 유기물질을 합성할 수 없어 증식을 위해서는 이들이 요구하는 물질, 즉 생육 인자를 공급해야 한다. 생육 인자로는 니코틴산, 판토텐산, 엽산, 바이오틴 등의 비타민류, 트립토판과 같은 아미노산류, 아데닌과 같은 핵산 염기류 등이 있다. 순수한 합성배지는 생육 인자를 첨

가하지 않으면 이를 요구하는 영양요구균이 생육할 수 없다. 천연배지에는 이들의 생육 인자가 함유되어 있으므로 별도로 첨가하지 않아도 된다.

(2) 배지의 분류

① 배지의 조성

- 천연배지(natural medium): 천연물질인 동·식물체로부터 얻은 다양한 조성을 가진 배지이다. 즉, 육즙(beef extracts), 맥아즙(malt extract), 혈청 등을 주성분으로 한다. 배지의 소재가 천연물이며 그의 화학조성이 확실히 알려져 있지 않은 배지로서 육즙 배지인 Nutrient broth, LB(Luria-Bertani) broth 등이 있으며 세균의 증식, 분리배양에 널리 쓰이고 있다.
- 복합배지(complex medium): 천연 재료를 혼합하여 만든 배지로 미생물의 증식에 충분한 영양소를 함유하고 있으나 정확한 구성 성분의 종류 및 양은 알 수 없다. 많이 사용하는 배지 재료로는 펩톤(peptone), 트립톤(tryptone)과 같은 단백질 가수분해물, 육즙(beef extract), 맥아 추출물(malt extract), 효모 추출물(yeast extract), 감자 추출물(potato extract) 등이 있다. 미생물의 분리, 배양에 일반적으로 사용된다.
- 합성배지(synthetic medium): 순수한 화합물을 배합하여 만든 배지로 화학적인 조성이 분명하다. 미생물의 생화학적 특성, 균체 성분, 미생물의 대사 및 유전 연구 등에 쓰인다. 합성배지 중에서 탄소원 및 에너지원, 질소원 및 무기염류만으로 조성되고 생육 인자를 함유하지 않은 것을 최소배지(minimal medium)라 한다.

② 배지의 물리적 상태

- 액체배지(liquid medium): 천연 또는 합성배지에 반고형 물질인 한천이 첨가되지 않은 액상 배지로 미생물의 증균, 생리·화학적 연구 또는 대량배양에 이용된다. 세균의 성장 검사, 증식, 대사산물을 목적으로 할 때 쓰인다. 액체배지는 미생물의 수를 많이 증식시키고 여러 가지 종류의 당 분해 실험과 그 밖에 다른 생화학적 실험에도 사용된다. 각 성분을 증류수에 녹인 액상의 배지로 broth 또는 bullion이라 하며, 미생물의 생리·화학적 연구, 대사산물 생산 및 대량 배양에 사용된다.
- 고체배지(solid medium): 액체배지에 고형물질인 젤라틴 또는 한천이 첨가되어 고형

으로 만든 배지를 말한다. 고체배지 종류로는 사면배지(slant medium, 호기성균 배양), 고층배지(butt medium, 혐기성 배양), 평판배지(plate medium)가 있다. 일반적으로 고형물질로는 한천을 대표적으로 사용하며 첨가 농도는 1.5~2.0 %(w/v)이다. 고체배지는 미생물의 보존, 순수분리, 발육상태 관찰, 생균수 측정, 운동성 관찰 등으로 이용된다.

- 평판배지(plate medium): 무균적으로 조작된 페트리 디시(petri dish)에 일정량의 배지를 넣어 고형화 시킨 것이 평판배지인데 주로 세균의 분리 배양, 콜로니의 관찰에 이용된다. 평판배지는 일반적인 규격의 경우 15~20 mL정도의 배지를 첨가한다. 그리고 멸균된 배지의 온도가 일반적으로 50~60 ℃ 정도로 식은 후에 첨가하는 것이 가장 좋다. 그렇지 않으면 기체가 뚜껑부분에서 냉각되어 물이 맺히게 된다. 고체 평판배지는 파라필름으로 봉하여 한천배지가 위로 가도록 뒤집어서 4 ℃에 보관하도록 하며 사용 전에는 한천 표면에 물기가 없도록 잘 말려서 사용하도록 한다. 물기가 있으면 콜로니가 구분되지 않게 되어 단일 콜로니의 선별이 어렵게 된다.
- 사면배지(slant medium): 시험관 상부를 높이 하여 배지가 경사가 지도록 굳힌 것이 사면배지이며, 세균의 증식 보존 등에 쓰인다. 사면배지를 만들 때 주의할 점은 배지가 너무 경사지거나 배지 양이 많아서 시험관의 입구가 가까이 도달하지 않도록 주의해야 하는 것이다. 대개 시험관의 1/2 정도가 적당하다. 준비된 배지는

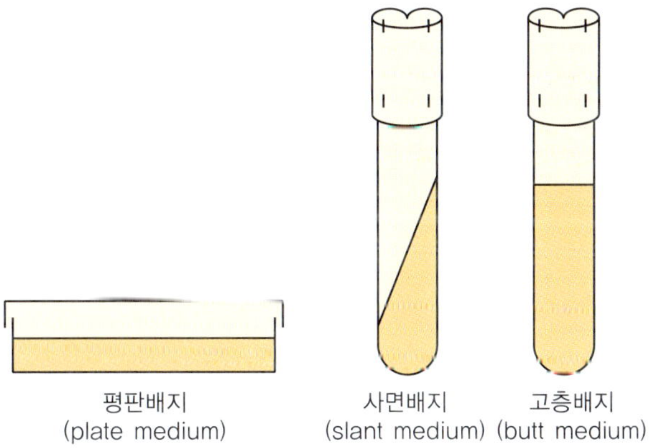

그림 11-1
고체배지의 종류

4 ℃에 보관한다.

• 고층배지(butt medium): 시험관을 반듯이 꽂아 세워서 배지를 1/2 높이로 분주하여 고형화 시킨 것으로 고층배지는 세균의 성상검사, 균주의 보존 등에 쓰인다.

③ 배지의 사용 용도

- 증식용 배지(growth medium): 여러 종류의 미생물이 증식하기에 충분한 영양소를 함유한 배지로 균종에 대한 선택성은 없다. 세균용으로는 nutrient broth(agar)와 tryptic soy broth(agar) 등이, 사상균용으로는 potato dextrose broth(agar), malt extract broth(agar), Czapek－Dox agar 등이 있다.
- 강화배지(enrichment medium): 여러 종류의 미생물이 혼합되어 있을 때 특정한 미생물 종을 다른 미생물들보다 빨리 증식시켜 쉽게 분리 배양할 수 있도록 만든 배지이다. 일반 증식용 배지에서 잘 증식하지 않는 미생물은 배지에 생육 촉진물질을 첨가하여 선택적으로 생육을 촉진시켜 분리 배양한다.
- 선택배지(selective medium): 두 종류 이상의 미생물이 혼합되어 있을 때 원하는 미생물의 증식은 정상적으로 이루어지나 다른 미생물의 생육은 억제되도록 만들어진 배지이다. 원하지 않는 미생물의 생육을 억제하기 위해서는 항생물질, 화학약품, 중금속 등이 주로 이용된다. 분리 배양하고자 하는 미생물의 종류에 따라 다양한 종류의 선택배지가 고안되어 있다.
- 분별배지(differential medium): 미생물의 생화학적 성질을 이용하여 여러 종류의 미생물이 같이 존재하는 상태에서 특정 미생물을 판별 또는 확인하기 위해 만들어진 배지로 생육촉진 물질, 생육억제 물질, 지시약 등을 함유하고 있다. triple sugar iron agar, bismuth sulfate agar, EMB(Eosin Methylene Blue) agar 등이 그 예이다.

(3) 배지 제조 시 주의사항

배지를 만들 때의 지켜야 하는 일반적인 주의사항은 다음과 같다.

① 배지는 경질 유리 제품에 담아야 하며, 배지의 양 보다 2배 이상의 크기로 선택해야 한다.

② 배지의 재료는 순서대로 첨가한다. 인산염은 일부의 양이온, 특히 칼슘 또는 철 이온과 반응하여 불용성 화합물을 형성하기도 하므로 각각 멸균하여 첨가하여야 한다.

③ 당과 아미노산은 가열 시 메일라드 반응을 일으키므로 필요한 경우에는 당을 별도로 멸균한 후 식혀서 첨가한다.

④ 무기염류 등의 미량 성분은 진한 농도의 원액(stock solution)을 만들어 놓고 사용할 때 일정량을 첨가한다.

⑤ 열에 불안정한 비타민, 항생물질 등은 고온·고압 멸균하지 않고 여과하여 제균한 후 첨가한다.

⑥ 배지는 적절한 pH를 유지해야 하며, 필요한 경우에는 염산(HCl), 수산화나트륨(NaOH), 탄산나트륨(Na_2CO_3) 등을 사용하여 pH를 조정한다.

⑦ 시험관, 플라스크, 병의 나선형 뚜껑 등은 완전히 봉하지 말고 약간 열어 멸균 시 용기가 깨어지거나 내용물이 넘치지 않도록 한다.

⑧ 배지는 일반적으로 고압증기멸균기를 사용하여 121 ℃에서 15～20분 멸균한다. 가열 시간이 짧으면 완전한 멸균이 이루어지지 않을 수 있고, 가열 시간이 너무 길면 배지 성분이 파괴되어 쓸 수 없게 된다. 배지에 따라 특별한 멸균 방법이 필요한 경우에는 이를 지켜야 한다.

⑨ 멸균이 끝난 후, 고압증기멸균기의 온도가 100 ℃ 이하로 충분히 식고 내용물을 꺼내야 하며, 이때 꼭 내열성 장갑을 끼고 취급해야 한다.

⑩ 만든 배지는 냉장고에 보관하고 장기간 보관하지 않도록 한다.

(4) 미생물의 전종

미생물의 접종은 순수분리된 배양체 또는 순수분리를 확인하는 목적으로 성장시키기 위해 새로운 배지에 운반하는 방법을 말한다. 이러한 이식은 무균상태를 유지하는 것이 무엇보다 필수적이다. 특히 공기 중에는 많은 미생물이 존재하기 때문에 이식 과정에서 오염될 수 있다. 또한 이식과정에 이용되는 기구들을 멸균 또는 멸균 소삭 하에서 직업을 진행하기 때문에 주의를 요한다. 순수분리 배양법에는 획선 평판배양법, 도말 평판배양법, 주입 평판배양법이 있다.

① **획선 평판배양법**(streak plate culture)

- 평판배지: 신속한 분리 방법으로 고체배지의 표면 위에서 백금이에 묻어있는 배양체를 획선하면서 희석방법에 의존하는 기술로 배지에 묻어있는 배양체를 3/4번의 반복적인 획선 과정을 수행한다. 이러한 방법은 세균의 밀도를 낮춰 단일 콜로니(colony)를 얻는 방법으로 많이 이용한다.

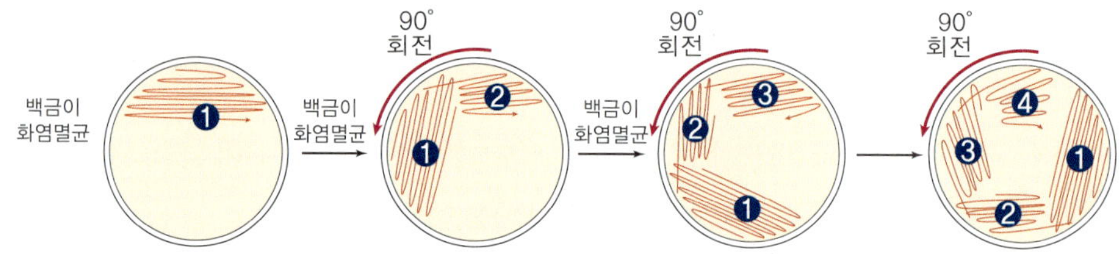

그림 11-2
평판배지 도말

- 사면배지: 사면배지에 이식하는 방법은 기존 순수분리된 배양체를 보존 목적이나 생화학실험을 위해 이용한다. 균의 접종은 사면의 표면에 미생물을 도말하여 접종하고 이후 1~2일 배양하여 균체를 성장시킨 후에 냉장 상태로 보존한다. 이때 오염 방지뿐만 아니라 수분의 증발상태에 따라 보존 기간이 결정된다.

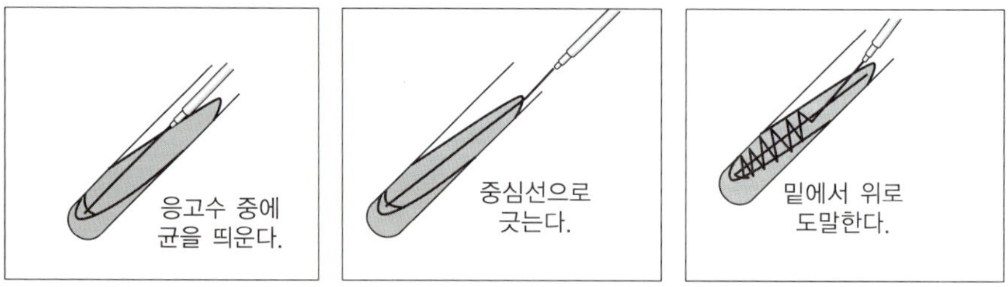

그림 11-3
사면배지 도말

② **도말 평판배양법**: 순수분리에 사용되며 고체 평판배지에 소량의 미생물 부유액을 스프레더를 이용하여 균등히 도말하는 방법이다.

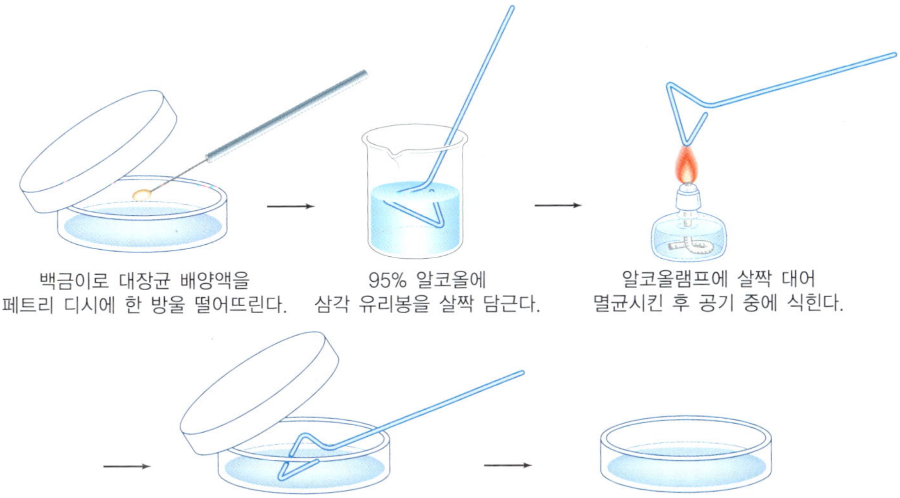

그림 11-4
도말 평판배양

③ **주입 평판배양법**: 한천 평판배지의 표면이나 깊숙한 내부에서 단일 콜로니(colony)를 형성하도록 한 다음 분리하는 방법이다.

3) 실험의 재료 및 기구

(1) 실험 재료

① **배지**: 액채배지 – 유당배지(Lactose Broth), 고체배지 – 보통한천배지(Nutrient Agar), **미생물**: 대장균[*Escherichia coli* (*E. coli*)]

② **유당배지(Lactose Broth)**: Lactose Broth 13 g과 증류수 1 L를 보틀(bottle)에 넣어 녹이고 pH 6.9±0.2로 조정한 후, 멸균기에 넣고 멸균한다(121 ℃, 15분간).

Peptone	5.0 g
Beef Extract	3.0 g
Lactose	5.0 g
증류수	1 L

③ **보통한천배지(Nutrient Agar)**: Nutrient Agar 23 g과 증류수 1 L를 보틀에 넣어 녹이고 pH 6.8±0.2로 조정한 후, 멸균기에 넣고 멸균한다(121 ℃, 15분간). 멸균이 끝난 후 45～50 ℃ 정도에서 유지하여 사용한다.

Peptone	5.0 g
Beef Extract	3.0 g
Agar	15.0 g
증류수	1 L

(2) 실험기구

페트리 디시, 삼각플라스크, 시험관, 유산지, 약수저, 저울, 1차 증류수, 교반기(magnetic stirrer), pH 미터, 멸균기, 무균대(clean bench), 알코올램프, 배양기, 백금이, 스프레더, 피펫

4) 실험 방법

(1) 액체배지 제조법

① 배지 제조를 위한 조성에 따른 배지, 초자기(유리병, 삼각플라스크, 비커), 유산지/접시, 약수저, pH 측정기 등을 미리 준비한다.

② **무게 측정**

- 배지 제조를 위한 조성분의 무게 측정은 유산지 또는 접시를 사용하여 칭량한다.
- 펩톤이나 육엑기스(beef extract) 등 흡습성이 큰 재료는 종이와 함께 용기에 넣어 용해 후 유산지를 건져낸다.
- 한천이 첨가된 배지를 만들 경우, 우선 한천을 제외한 성분을 먼저 첨가하여 용해한다. 그리고 pH를 측정하여 조절한 후 한천을 첨가한다.

③ **용해**: 재료를 플라스크나 비커 등에 담고 증류수를 첨가하고 교반기를 이용하여 용해

시킨다.

④ **pH 조절**: pH는 제조하는 배지에 따라 pH 값이 설정되어 있으며 대부분 조성비를 합하였을 때 자동으로 pH가 맞는다. 그러나 일부 변경이 되었을 때는 0.1N NaOH와 HCl 용액을 이용하여 조절한다.

⑤ **분주**: 일반적으로 한천이 들어가지 않을 경우 분주 시 피펫을 이용한다. 반면 한천이 첨가되었을 경우 50～60 ℃에서 피펫을 이용하여 신속히 수행한다(한천이 첨가된 배지는 온도가 낮으면 금방 응고된다).

⑥ **멸균**: 고압증기멸균기를 이용하여 121 ℃에서 15～20분을 수행한다. 일반적으로 1 L 이내의 용기에서 멸균할 경우 15분 정도가 적당하나 1 L 이상을 한 번에 수행할 경우는 20분 정도 한다.

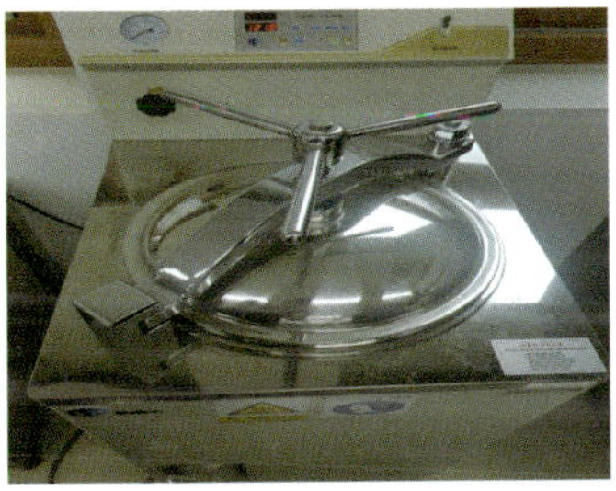

고압증기 멸균

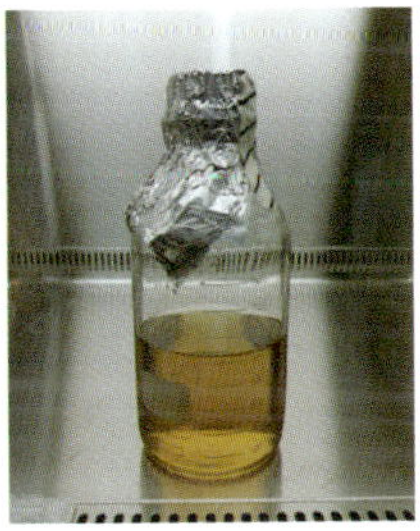

액체배지

액체배지 제조

(2) 고체배지 제조법

① 편판배지(plate medium)

- 페트리 디시(petri dish)에 한천이 포함된 액체배지 15～20 mL 정도 피펫을 이용하여 분주하고 고형화 시킨다.
- 고형화된 고체 평판배지는 파라필름으로 봉하여 한천배지가 위로 가도록 뒤집어서 4 ℃에 보관한다.

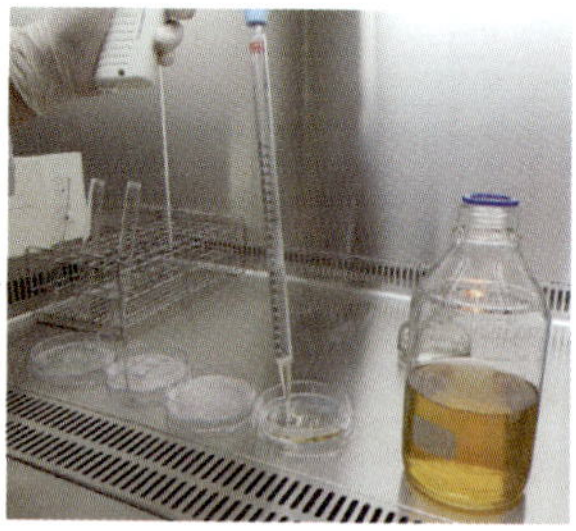

페트리 디시 분주

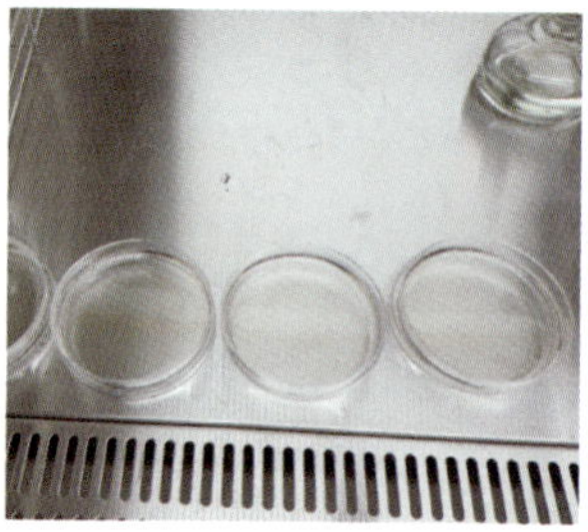

평판배지의 고형화

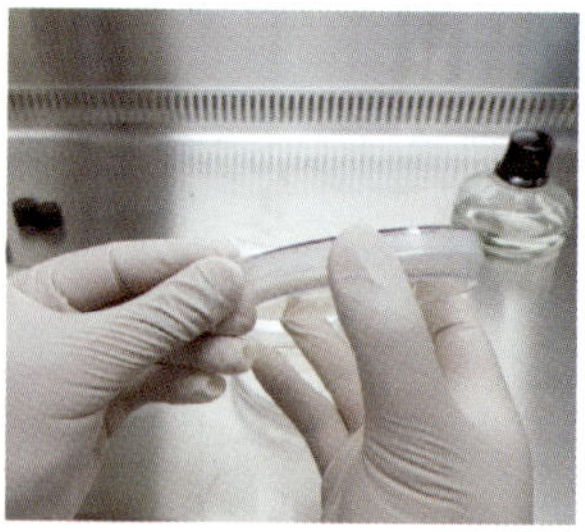

파라필름 봉합

평판배지 제조

② **사면배지**(slant medium)

- 시험관 1/2 정도 한천이 포함된 배지를 피펫을 이용하여 분주하고 상부를 높게 하여 배지가 경사지도록 굳힌다.
- 고형화된 사면배지는 4 ℃에 보관한다.

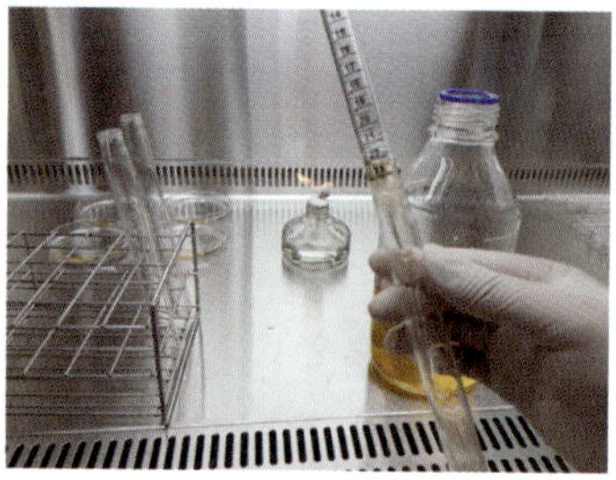

시험관 분주

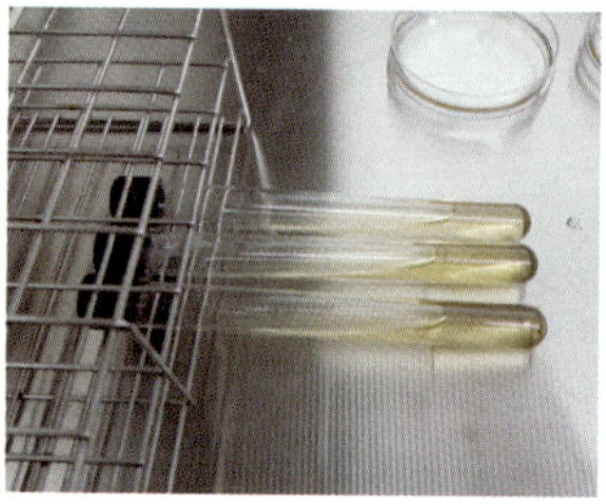

사면배지의 고형화

사면배지 제조

③ **고층배지**(butt medium)

- 시험관을 랙에 세워서 한천이 포함된 배지를 1/2 높이로 피펫을 이용하여 분주하고 고형화 시킨다.
- 고형화된 사면배지는 4 ℃에 보관한다.

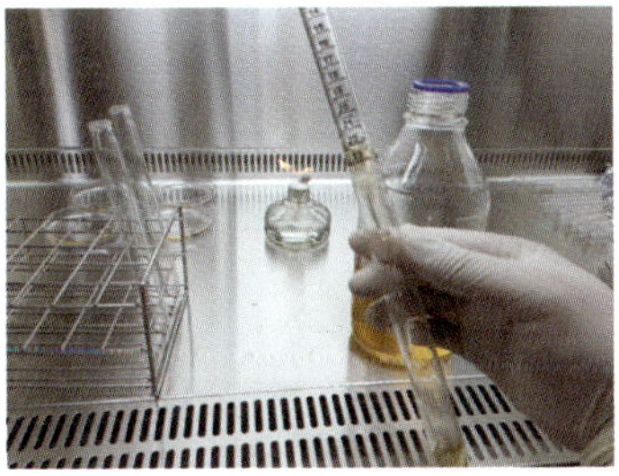

시험관 분주

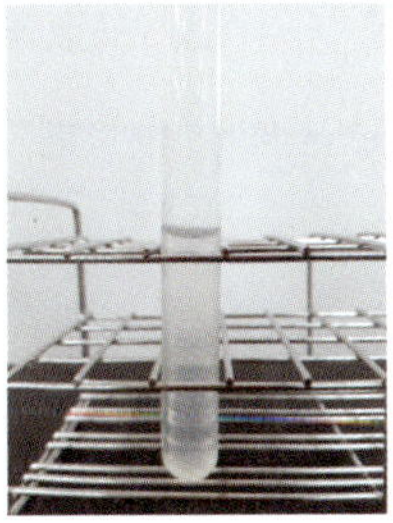

고층배지의 고형화

고층배지 제조

(3) 미생물 접종 방법(액체배지)

① 준비된 액체배지를 시험관 또는 삼각플라스크에 적당량 분주하고 미생물의 이름과 날짜, 도말한 사람의 이름을 네임펜으로 기록한다.

② 백금이를 알코올램프의 불꽃에 대어 빨간색이 될 때까지 화염하고 식혀 접종하고자 하는 미생물을 백금이에 묻혀 액체배지에 풀어준다.

③ 도말이 끝난 백금이와 시험관 입구를 알코올램프의 불꽃으로 화염멸균하고 뚜껑을 닫는다.

④ 작업이 끝나면 배양기에 넣어 배양한다.

(4) 미생물 접종 방법(고체배지)

① 평판배지

- 획선 평판배양법
  - 준비된 고체 평판배지에 도말하는 미생물의 이름과 날짜, 도말한 사람의 이름을 뚜껑 부분에 네임펜으로 기록한다.
  - 백금이를 알코올램프의 불꽃에 대어 빨간색이 될 때까지 화염하고 식혀, 접종하고자 하는 미생물을 백금이에 묻혀 3차/4차 획선 평판배양법(streak plate culture)을 이용해 도말해준다.
  - 도말 방법은 그림 11-2를 참고한다.
  - 도말이 끝난 백금이는 알코올램프의 불꽃으로 화염멸균하고 도말을 한 배지는 파

라필름으로 봉하여 거꾸로 뒤집어 놓는다.

• 작업이 끝나면 배양기에 배지가 위로 향하게 놓아 배양한다(35～37 ℃, 24～48시간).

■ 도말 평판배양법

• 준비된 고체 평판배지에 1 mL의 미생물 부유액(또는 배양액)을 화염멸균한 스프레더를 이용하여 균등히 도말한다.

• 도말이 끝난 스프레더는 알코올램프의 불꽃으로 화염멸균하고 도말을 한 배지는 파라필름으로 봉하여 거꾸로 뒤집어 놓는다.

• 작업이 끝나면 배양기에 배지가 위로 향하게 놓아 배양한다.

② 사면배지

■ 준비된 사면배지에 도말하는 미생물의 이름과 날짜, 도말한 사람의 이름을 사면 반대 방향의 유리에 네임펜으로 기록한다.

■ 시험관의 뚜껑을 열어 끝부분은 화염멸균하고, 백금이에 접종하고자 하는 미생물을 묻혀 아랫부분에서 윗부분으로 표면에 대어 올린다. 그리고 다시 아랫부분부터 좌우로 지그재그 형태로 표면에 도말하며 윗부분으로 이동한다(그림 11－3 참고).

■ 도말이 끝난 백금이는 알코올램프의 불꽃으로 화염멸균하고, 시험관 끝부분과 뚜껑은 불꽃에 화염멸균하여 뚜껑을 닫고 배양기에서 배양한다.

③ 고층배지

■ 준비된 고층배지에 도말하는 미생물의 이름과 날짜, 도말한 사람의 이름을 시험관에 네임펜으로 기록한다.

■ 시험관의 뚜껑을 열어 시험관 끝부분은 화염멸균하고, 백금선에 접종하고자 하는 미생물을 묻혀 배지 중심부까지 넣어 도말한다.

■ 도말이 끝난 백금이는 알코올램프의 불꽃으로 화염멸균하고, 시험관 끝부분과 뚜껑은 불꽃에 화염멸균하여 뚜껑을 닫고 배양기에서 배양한다.

5) 실험 결과

(1) 제조된 배지를 그림 또는 사진으로 남긴다.

(2) 배양 후 미생물의 생장 상태를 그림 또는 사진으로 남긴다.

① 획선 평판배양법으로 배양한 평판배지는 3/4차 도말법차에 의해 획선에 따라 미생물이 자라고 3 또는 4획선에서 하나의 콜로니로 구분되었는지를 확인한다.

② 도말 평판배양법으로 배양한 평판배지는 배지 전체에 균일하게 미생물이 성장하였는지 확인한다.

③ 사면배지에 접종된 미생물의 성장상태를 확인한다.

④ 고층배지에 접종된 미생물의 성장상태를 확인한다.

2. 그람염색법

1) 실험 목적

(1) 현미경에 대한 기본 구조와 사용 기술을 익힌다.

(2) 세균의 형태 관찰을 위한 기본적인 염색법인 그람염색법을 이해하고 실험 방법을 익힌다.

2) 실험 이론

(1) 현미경의 기능

① **배율(magnifying power)**: 배율은 현미경의 기본적인 기능은 물체를 확대하여 관찰할 수 있는 능력이다. 즉, 광학현미경의 총 배율(선배율)은 접안렌즈의 배율과 대물렌즈 배율의 곱으로, 배율이 10×인 접안렌즈와 배율이 10×인 대물렌즈를 사용했을 때의 배

율은 100×가 된다.

② **해상력(분해력, resolving power)**: 해상력 또는 분해능이란 인접한 두 개의 점을 서로 다른 존재로 인식하는 렌즈의 능력이다. 즉, 관찰하는 표본의 구조를 자세히 볼 수 있는 능력이다. 대물렌즈의 성능이 높은 현미경은 가까이 존재하는 두 점을 서로 다른 점으로 인식하나, 성능이 낮으면 가까이 존재하는 두 점을 한 점으로 인식하게 된다.

③ **대비력(contrast)**: 관찰하고자 하는 물체와 바탕을 구별하여 인식할 수 있도록 해주는 능력이다.

(2) 현미경의 종류

① **광학현미경(light microscope/optical microscope)**: 표본에 비추어진 가시광선 또는 자외선을 광원으로 대물렌즈에 의해 확대된 실상을 맺고, 이것을 대안렌즈에 의해서 재확대하는 장치이다.

② **형광현미경(fluorescent microscope)**: 파장이 짧은 자외선을 검체에 비추면 형광을 발하는 원리이다. 검체에 형광물질을 처리하고 관찰하는 방법으로 면역검사에 많이 사용된다.

③ **입체(실물)현미경(stereo microscope)**: 두 대물렌즈의 배율이 서로 다르며 표본의 평면, 측면, 높이 등 입체적 관찰이 가능하여 고체성 물질의 세부 구조를 관찰할 수 있다.

④ **위상차 현미경(phase contrast microscope)**: 주변의 빛은 차단하고 물체가 발하는 빛만을 관찰하는 것이 가능하다.

⑤ **편광현미경(polarization microscope)**: 빛의 편광을 이용하여 분자구조가 상이한 분자들을 관찰할 때 사용한다.

⑥ **전자현미경(electron microscope)**

- 투과전자현미경(Transmission Electron Microscope, TEM)은 세포의 내부 구조를 관찰하는 데 사용된다.
- 주사전자현미경(Scanning Electron Microscope, SEM)은 세포의 표면을 관찰하는 데 사용된다.

(3) 현미경의 구조와 기능

현미경은 미생물의 크기가 작기 때문에 표본을 만들어 세포의 형태를 관찰할 목적으로 이용한다. 일반적으로 현미경은 여러 종류가 있지만 광학현미경을 주로 사용하게 된다. 현미경은 해상력에 의해 광학현미경과 전자현미경으로 구분되며, 표본의 관찰 목적에 따라 여러 종류가 있다. 해상력은 두 개의 점을 구별할 수 있는 능력으로 광학현미경은 0.2 μm, 전자현미경은 0.001 μm까지 관찰이 가능하다. 현미경의 구조는 크게 네 가지로 구분된다.

① **조명장치**: 집광기

- 조명장치: 대부분의 광학현미경은 인공적인 조명장치(illuminator)를 광원으로 사용한다. 대부분의 광학현미경에는 광원의 세기를 조절할 수 있는 장치와 빛의 양을 조절할 수 있는 조리개가 부착되어 있으며, 광원으로부터 나오는 특정 파장의 빛을 제거할 수 있도록 필터가 부착되어 있다. 자연광을 광원으로 사용할 때에는 반사경(mirror)을 사용한다.
- 집광기: 집광기(condenser)는 광원에서 오는 빛을 일정한 방향으로 모아서 대물렌즈

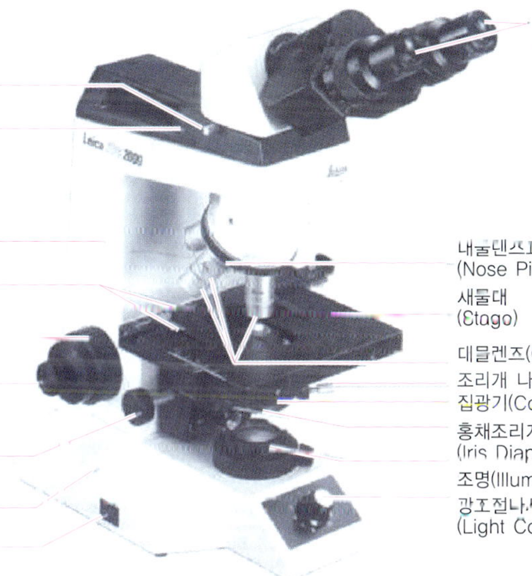

그림 11-5
현미경

에 보내는 역할을 하며, 집광기는 해상도를 높이고 밝은 시야를 얻기 위해 꼭 필요한 장치이다. 집광기 조절나사(condenser adjustment knob)가 부착되어 있어 집광기를 상하로 이동시켜 조절할 수 있다.

② **확대장치**: 대물렌즈, 접안렌즈, 경통

- 대물렌즈: 대물렌즈(objective lens)는 현미경 경통의 최 하단에 있는 대물렌즈 회전판(objective revolver, turret)에 부착되어 있는 렌즈로 물체를 1차적으로 확대시킨다. 대물렌즈 회전판은 저배율의 대물렌즈에서부터 고배율의 대물렌즈로 바꾸어 가면서 사용할 수 있도록 만들어진 장치로 대부분의 대물렌즈 교환기는 3～5개의 대물렌즈를 부착할 수 있도록 되어 있다. 대물렌즈는 보통 4×, 10×, 100×을 가장 많이 사용한다. 고배율(100×)의 대물렌즈를 사용하여 1,000배 이상의 높은 배율로 관찰할 때에는 현미경의 해상도를 높이기 위해 유침유(immersion oil)를 사용하므로, 이 렌즈를 유침렌즈라고 한다. 유침유는 유리와 거의 같은 굴절률을 갖기 때문에 표본을 통과한 광선이 굴절하지 않고 직진하여 대물렌즈에 도달한다.

접안렌즈 배율	대물렌즈 배율	배율
10×	4×	40×
10×	10×	100×
10×	40×	400×
10×	100×	1,000×

- 접안렌즈: 접안렌즈(ocular lens, eyepiece)는 현미경 경통의 상단에 있는 렌즈로 대물렌즈가 확대한 상을 더욱 확대시키는 역할을 한다. 대부분 배율이 10×인 접안렌즈를 사용한다.
- 경각, 경주, 경통: 경각(base)은 현미경의 가장 밑 부분에 있으며 현미경 전체를 지탱하는 역할을 한다. 경주(arm)는 경각과 연결된 구조로 상단 경통(body tube)에 부착되어 있다. 경각과 경주는 현미경의 여러 부분을 지탱하며, 현미경의 위치를 변경하거나 운반할 때 사용된다. 경통은 대물렌즈, 거울, 프리즘 및 접안렌즈로 구성되어

있으며, 빛이 통과하는 경로이다.

③ **초점조절장치**: 조동나사, 미동나사

- 조동나사(coarse focus adjustment knob): 현미경의 초점을 대략적으로 맞출 때 사용하는 조절나사이다.
- 미동나사(fine focus adjustment knob): 현미경의 초점을 정확하게 맞출 때 사용하는 조절나사이다.

④ **표본고정장치**: 재물대

재물대(stage)는 슬라이드 글라스를 고정하는 판으로, 중앙에 빛이 통과할 수 있는 큰 구멍이 있고 경통의 방향에 직각으로 되어 있다. 또한, 슬라이드 글라스를 정확하고 원활하게 이동시킬 수 있는 상하, 좌우 조절나사가 부착되어 있다.

(4) 현미경 사용법

현미경으로 표본을 관찰할 때에는 저배율에서 시작하여 고배율로 관찰해야 하며, 초점을 맞출 때에는 대물렌즈와 표본이 가장 가깝게 위치하도록 한 후 거리가 멀어지게 하면서 초점을 맞추어야 한다.

① 현미경을 볼 수 있는 장소에 수평이 되게 놓고 광원을 켜 조리개를 사용해 시야가 밝게 되도록 빛의 세기를 조절한다.

② 슬라이드 글라스 표본을 재물대 위에 올려놓고 클립으로 고정한 다음 조절나사를 이용하여 표본이 재물대의 가운데 구멍이 있는 중앙에 오도록 한다.

③ 대물렌즈 회전판을 돌려 저배율의 대물렌즈로 돌리고, 조동나사를 조절하여 재물대를 최대한 올린다(대물렌즈와 슬라이드 글라스를 최대한 접근시킨다).

④ 조동나사를 천천히 돌려 재물대를 내리면서 초점을 맞추고, 미동나사를 사용하여 정확하게 초점을 맞춘다.

⑤ 대물렌즈 회전판을 조절하여 다음 고배율 렌즈로 바꾸고, 미동나사를 사용하여 초점을 맞춘다. 필요하면 조리개와 집광기도 조절하고, 표본을 이동시키며 관찰한다.

⑥ 유침유를 사용할 경우 조동나사를 조절하여 대물렌즈와 표본이 조금 떨어지도록 하고, 유침유 한 방울을 커버 글라스 위에 떨어뜨린다.

⑦ 너무 많은 양의 유침유를 떨어뜨리지 않도록 주의해야 하며, 응고된 유침유는 소량의 자일렌(xylene)을 약간 첨가하여 녹여서 쓴다.

⑧ 대물렌즈 회전판을 돌려 대물렌즈를 유침유에 접촉시킨 후 조동나사를 조금씩 조절하여 초점을 맞춘다.

⑨ 유침렌즈는 사용한 후 즉시 부드러운 천으로 닦고 자일렌을 적신 부드러운 천이나 렌즈 페이퍼(lens paper)로 닦은 후 다시 마른 천이나 렌즈 페이퍼로 닦아내야 한다.

(5) 현미경의 크기 측정

현미경을 사용하여 미생물의 크기를 측정하기 위해서는 마이크로미터(측미계, micrometer)를 사용한다. 마이크로미터는 접안 마이크로미터(ocular micrometer)와 대물 마이크로미터(stage 또는 objective micrometer)로 구성되어 있다.

현미경으로 미생물 세포의 크기를 측정할 때에는 먼저 대물 마이크로미터를 사용하여 접안 마이크로미터 한 눈금의 길이를 배율별로 측정한 후에, 대물 마이크로미터를 제거하고 접안 마이크로미터로 측정하고자 하는 검체의 슬라이드 글라스를 관찰하여 세포의 크기가 접안 마이크로미터의 몇 눈금에 해당하는지를 측정한 후, 이것과 이미 측정한 접안 마이크로미터 한 눈금의 길이를 곱하면 실제 세포의 크기를 계산할 수 있다.

① **접안 마이크로미터**: 눈금이 그려진 작은 원형 유리판으로, 접안렌즈의 시야 조리개 위에 얹어서 사용한다. 접안 마이크로미터의 눈금은 길이 1 cm를 100등분하여 0.1 mm이

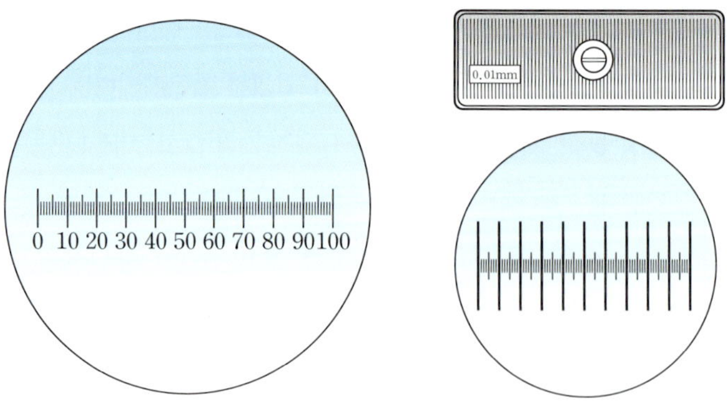

그림 11-6
접안 마이크로미터와 대물 마이크로미터

접안 마이크로미터　　대물 마이크로미터

나, 접안렌즈에 의해 10× 확대되었으므로 실제로는 1 mm에 해당된다. 접안 마이크로미터 한 눈금의 길이를 측정하기 위해서는 대물 마이크로미터를 사용해야 한다.

② **대물 마이크로미터**: 슬라이드 글라스의 중앙의 작은 원형 안에 1 mm의 구간을 100등분한 눈금이 새겨져 있다. 따라서 대물 마이크로미터의 최소단위 한 눈금은 0.01 mm(10 μm)이다.

(6) 그람염색(Gram staining)

그람염색은 대표적인 분별염색법으로 세균의 분류 및 동정에 아주 유용한 염색법이며 1884년 Hans Christian Gram에 의해 고안되었다. 그람염색에 의해 모든 세균은 그람 양성균(Gram positive)과 그람 음성균(Gram negative)으로 구별된다.

① **그람염색의 기본 원리**: 그람양성균과 음성균은 세포벽의 구조에 의한 화학적·물리적 성질이 다른 것을 이용한다. 세균의 세포벽은 크기와 형태를 유시하고 삼무압에 의한 세포 파열을 방지하는 역할을 하는데, 세포벽에는 펩티도글리칸(peptidoglycan)이라고 하는 물질이 있어 아주 단단하다. 그람양성균의 세포벽은 여러 층의 펩티도글리칸이 세포벽의 80 ~ 90 %를 차지하며 두껍게 감싸고 있다. 반면, 그람음성균의 세포벽은 펩티도글리칸 층이 한 겹으로 매우 얇으며(10 ~ 20 %), 이층 외부에는 인지질, 지질다당류, 리포단백질 등으로 구성된 외막이 감싸고 있다.

② **그람염색의 4단계 과정**

- 1단계(염색): 염기성 색소인 크리스털 바이올렛(cristal violet)으로 염색 → 2단계[착색

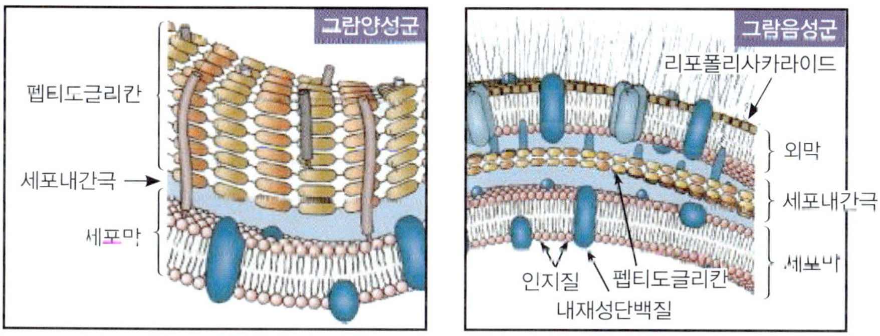

그림 11-7 그람양성균과 음성균 세포벽 구성

(매염)]: 염색된 세균에 요오드(iodine) 용액을 처리하면 크리스털 바이올렛과 요오드가 반응하여 세포 내에 불용성 복합체(크리스털 바이올렛－요오드)를 형성 → 3단계(탈색): 착색된 세균에 탈색제인 알코올을 처리하면 불용성 복합체 용해 → 4단계(대조염색): 적색의 염기성 색소인 사프라닌(safranin－o)으로 염색하면 탈색되었던 그람음성균은 적색으로 염색

- 그람양성균은 1차 염색 시 크리스털 바이올렛－요오드 복합체는 알코올에 의한 탈색 과정에서 두꺼운 펩티도글리칸을 탈수시켜 분자 간의 공간을 좁히기 때문에 세포 밖으로 배출되지 않고 2차 염색액(사프라닌)으로 염색을 하여도 염색이 되지 않는다.
- 그람음성균은 얇은 펩티도글리칸층을 가지고 있으며 외막에 염색된 1차 염색액이 알코올에 의해 쉽게 탈수되며, 2차 염색을 통해 색이 염색된다.
- 그람염색은 배양 24시간 이내의 균으로 하여야 하며, 오랫동안 배양된 균을 사용하면 그람양성균이 그람음성균으로 판별되기도 한다. 처음 세포를 고정할 때 지나치게 강한 열처리를 하거나, 알코올로 탈색하는 것을 지나치게 오래하거나, 세척을 너무 강하게 할 경우 크리스털 바이올렛－요오드 복합체를 상실하여 그람양성이 그람음성으로 보일 수 있다.

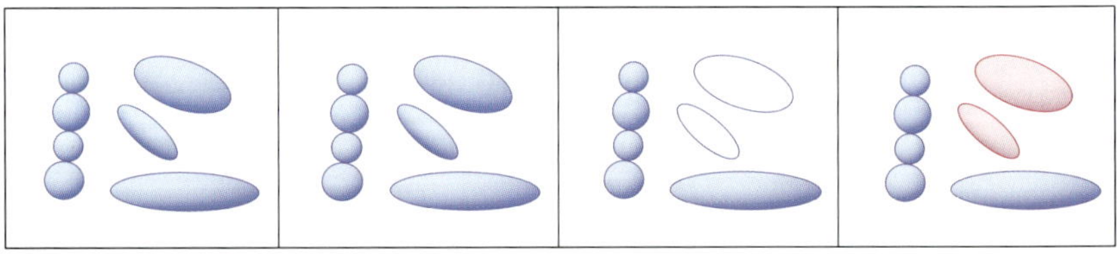

염색 단계	1단계 크리스털 바이올렛 (1차 염색)	2단계 요오드 [착색(매염)]	3단계 알코올 (탈색)	4단계 사프라닌 (2차 염색)
세포벽의 염색	보라색	보라색	그람양성균: 보라색 그람음성균: 무색	그람양성균: 보라색 그람음성균: 적색

그림 11－8
그람염색 4단계 과정

③ **대표적인 그람양성균과 음성균**

- 그람양성균: 포도상구균, 연쇄상구균, 폐렴균, 나병균, 디프테리아균, 파상풍균, 탄저균, 방선균 등
- 그람음성균: 살모넬라균, 이질균, 티푸스균, 대장균, 콜레라균, 페스트균, 임균, 수막염균, 스피로헤타 등

3) 실험의 재료 및 기구

(1) 실험 재료

미생물: 2종(*Bacillus subtilis, Escherichia coli*)의 미생물을 배양하여 준비, 염색시약: 크리스털 비이올렛 용액, 요오드 용액, 95 % 알코올, 사프라닌

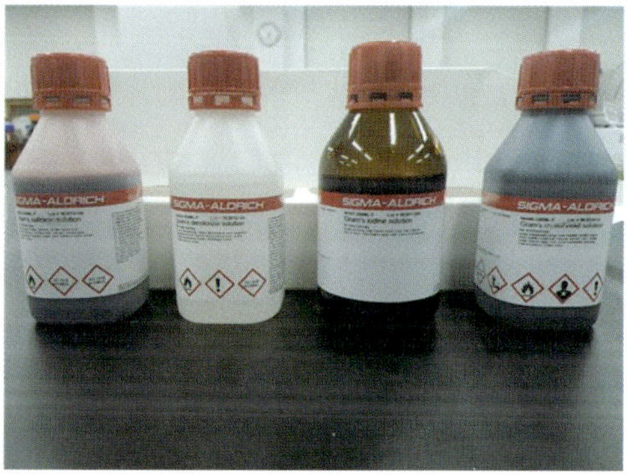

그람 염색 시약

(2) 실험 기구

슬라이드 글라스, 백금이, 증류수, 알코올램프, 유침오일, 광학현미경

4) 실험 방법

(1) 표본 제작

① 슬라이드 글라스를 깨끗이 닦고, 24시간 배양한 미생물을 백금이를 이용하여 중앙에 도말하고 엷게 펴준다(고체의 경우 백금이를 이용하여 증류수를 슬라이드 글라스의 중앙에 묻힌다. 그 후, 백금이를 이용하여 미생물을 슬라이드 글라스의 중앙에 있는 증류수와 함께 엷게 펴준다).

② 자연적으로 건조 또는 슬라이드 글라스를 화염 위 30 cm 지점에 위치하여 온기를 이용하여 건조한다. 자연 건조된 경우 고정을 위해 화염을 좌에서 우로 3회 이동하여 글라스에 온기를 주어 마지막으로 고정을 시킨다.

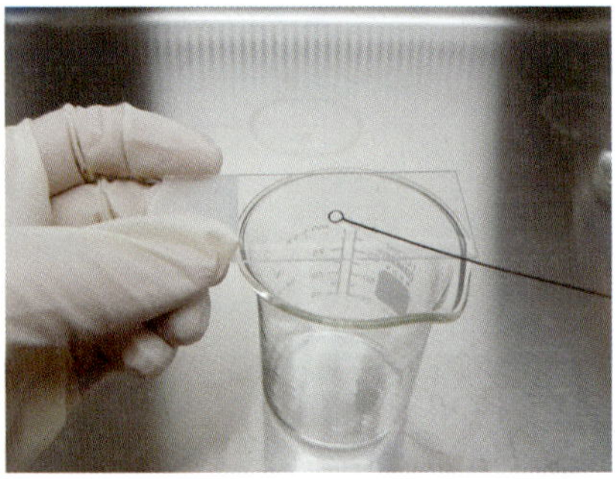

검체 분주

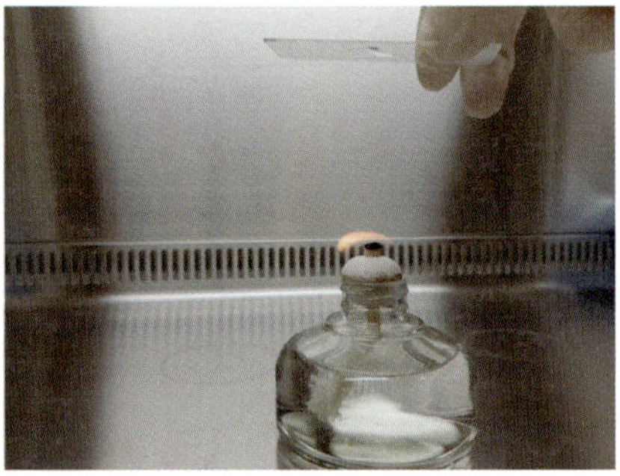

검체 건조

표본 제작

(2) 그람염색(Gram's staining)

① 도말, 고정된 미생물 표본에 1차 전염색액인 크리스털 바이올렛 용액을 충분히 가한 후 1분간 염색한다.

② 세척(세균이 붙어 있는 면을 아래로 하여 그 뒷면에 물을 2~3초 동안 흘려보낸 후 물기를 제거)

③ 착색(매염)제인 요오드 용액을 충분히 가한 후 1분간 염색하고 세척해준다(세척과정은 ②와 동일하다).

④ 탈색을 위해 95 % 에탄올을 충분히 가한 후 30초간 탈색하고 세척해준다(세척과정은 ②와 동일하다).

⑤ 대조염색으로 사프라닌을 충분히 가한 후 30초~1분간 염색하고 세척해준다(세척과정은 ②와 동일하다).

⑥ 완전건조를 위해 화염 위 30 cm 지점에서 열기를 이용하여 건조한다(너무 오래 슬라이드 글라스를 건조하면 결과에 영향을 미침).

⑦ 건조된 슬라이드 글라스에 커버 글라스를 씌우고, 유침유를 묻혀 광학현미경을 이용하여 관찰한다.

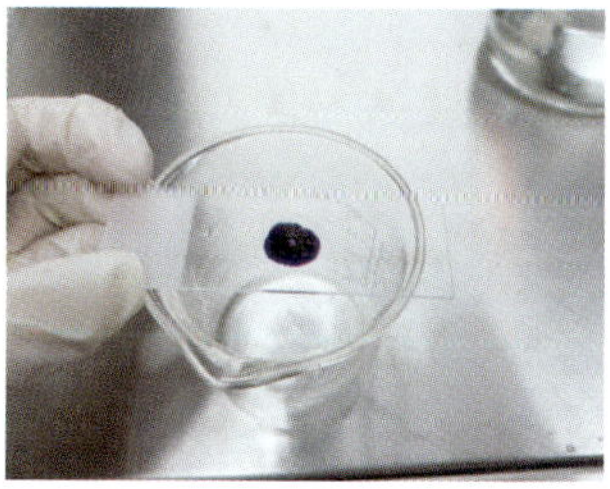

1차 전염색액(크리스털 바이올렛 용액)

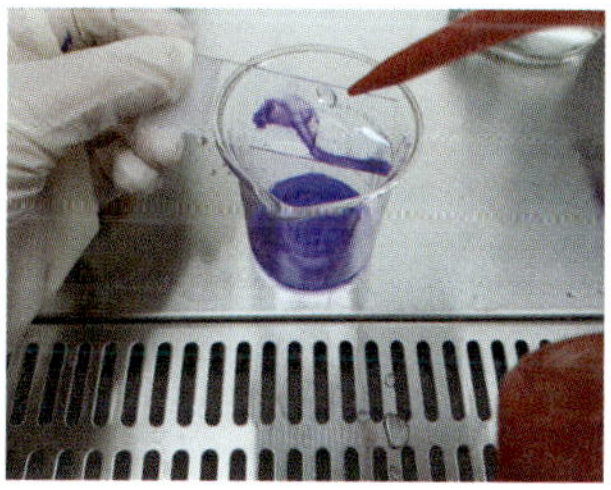

세척

착색(매염)제(요오드 용액)

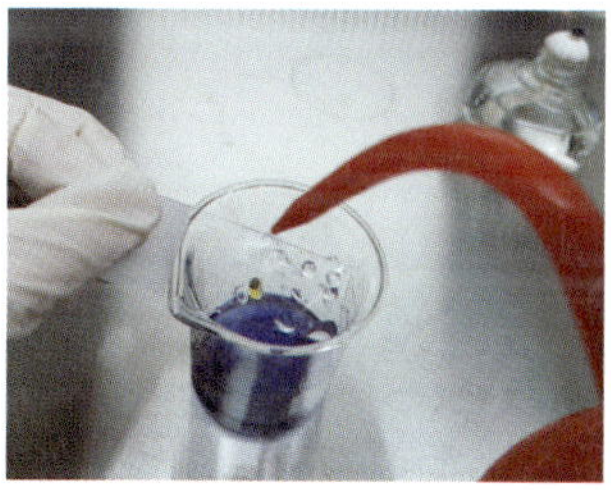

세척

탈색(95 % 에탄올)

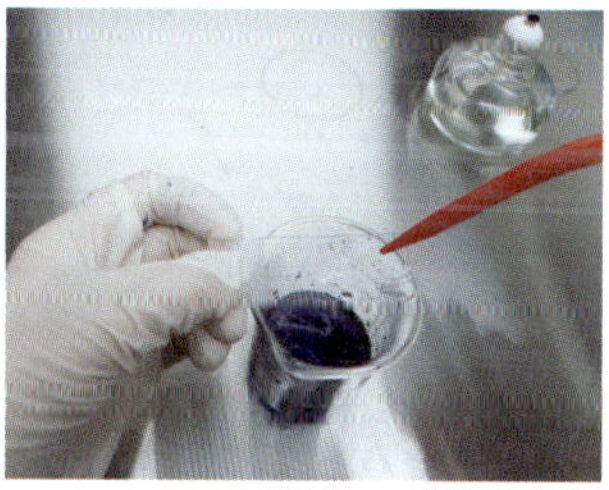

세척

대조염색(사프라닌)

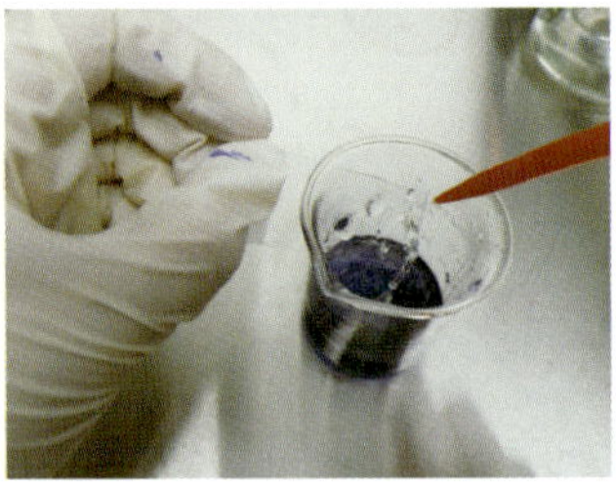

세척

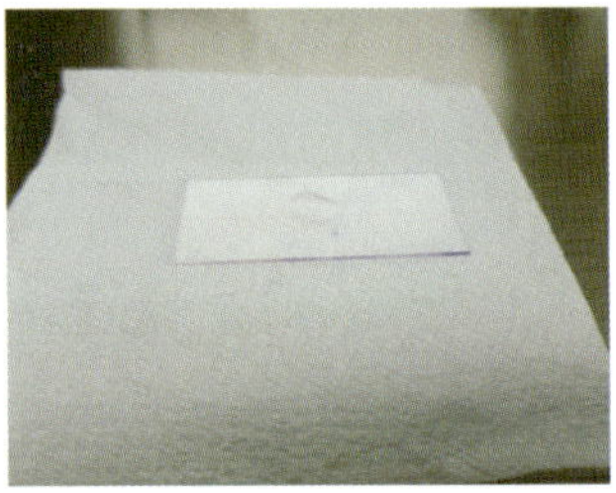

유침유 분주

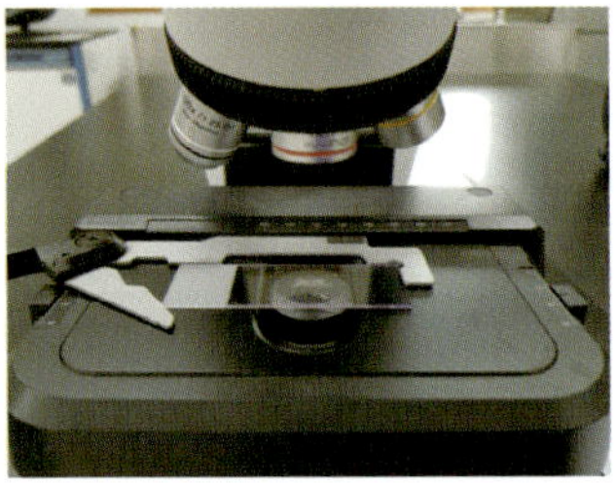

현미경 관찰

그람염색

5) 실험 결과

광학현미경으로 그람양성균은 짙은 청색(보라색), 그람음성균은 분홍색으로 나타나는지 확인하고 사진으로 남긴다.

3. 일반세균검사 *식품산업기사 실기시험종목

1) 실험 목적

(1) 일반세균은 물속에서 활동하는 병원균을 제외한 호기성 세균(산소가 있어야만 살 수 있는 세균)이나 혐기성 세균(산소가 없는 환경에서 생활하는 세균)을 통틀어 말한다.

식품에 존재하는 일반세균의 수를 검출하는 기법과 평가 방법을 익힌다.

(2) 세균을 검출하는 방법인 표준평판법, 건조필름법에 대한 원리와 실험 방법 및 세균의 집락수를 계수 하는 방법을 이해한다.

2) 실험 원리

식품은 유통기간 동안 오염된 세균이 증식하면서 식품의 품질이 서서히 변화하여 식용하기 어려운 상태까지 진행된다. 따라서 식품 제조과정에서 미생물의 오염을 차단하는 것은 매우 중요한 사항이다. 식품에서의 미생물 오염 상태를 알아보기 위한 일반세균은 보통 표준한천배지 내에서 발육할 수 있는 중온균이며, 검체와 표준한천배지를 혼합 응고시켜 배양 후 발생한 세균의 집락수로부터 검체 중의 생균수를 산출하며, 식품의 오염 및 부패의 진행도 등을 알고자 할 때 사용한다.

(1) 세균(Bacteria)

세균은 흙, 물속과 같이 외부환경에서도 살지만, 동물의 위나 장과 같이 다른 생물의 안에서 살기도 한다. 대부분의 병원성 균은 박테리아이다. 크기는 0.5 μm부터 0.5 mm까지 다양하며, 그들은 식물세포나 곰팡이 세포와 마찬가지로 세포벽을 가지고 있으나, 셀룰로오스(cellulose)가 아닌 펩티도글리칸(peptidoglycan)이 주성분인 점이 다르다. 세균의 구조는 원핵생물에 속하는 단세포 생물로 2중의 외막을 가져 세균 특유의 구성을 갖는 세포벽이 있다. 지구상의 많은 곳에서 발견되어 인간이나 동물의 질병을 생기게 하는 균이나 식품, 비타민, 항생물실, 아미노산 등을 생산하는 종들이 존재한다 세균의 형상은 구상, 간상 또는 나선상으로 각각 구균, 간균, 나선균이라고 불리고 있다.

(2) 집락형성단위(Colony Forming Unit, CFU)

집락형성단위는 눈에 보이는 세균의 숫자를 측정하는 것이다. 현미경으로 직접 죽거나 살아있는 모든 세포의 수를 세는 것과는 달리, 집락형성단위를 측정하는 것은 보이는 세포들을 측정하는 것이다. 검체가 액체에서는 CFU/mL (밀리리터 당 집락형성단위)로 주어

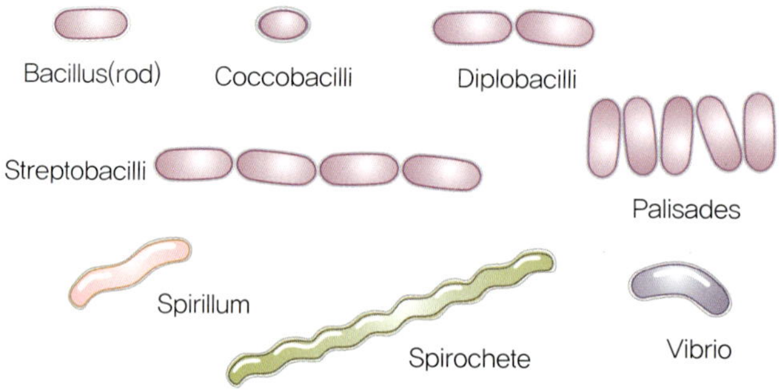

그림 11-9
세균의 형상

지고, 고체에서는 CFU/g (그램 당 집락형성단위)로 주어진다.

(3) 집락수 산정

① 배양 후 즉시 집락 계산기를 사용하여 생성된 집락수를 계산한다. 부득이할 경우에는 5 ℃에 보존시켜 24시간 이내에 산정한다. 집락수의 계산은 확산 집락이 없고 1개의 평판당 15～300개의 집락을 생성한 평판을 택하여 집락수를 계산하는 것을 원칙으로 한다. 전체 평판에 300개 이상 집락이 발생한 경우 300에 가까운 평판에 대하여 밀집 평판 측정법에 따라 계산한다.

② 평판배양법에서 산정된 균수의 셋째 자리 이하는 "0"으로 처리한다. 만약 3번째 자리의 숫자가 6이상과 4이하인 경우는 반올림하고, 5일 경우는 2번째 자릿수가 홀수일 때는 위로 반올림하고, 짝수일 경우는 "0"으로 처리한다. 예를 들면 15,500인 경우는 16,000으로 기록하고, 14,500인 경우는 14,000으로 표기한다.

- 집락수 산정 방법(식품공전)

$$N = \frac{\sum C}{\{(1 \times n_1) + (0.1 \times n_2)\} \times (d)}$$

N = g 또는 mL당 세균 집락수

$\sum C$ = 모든 평판에 계산된 집락수의 합

n_1 = 첫 번째 희석배수에서 계산된 평판배지 수

n_2 = 두번째 희석배수에서 계산된 평판배지 수

d = 첫 번째 희석배수에서 계산된 평판의 희석배수

• 15～300 CFU/plate인 경우

구분	희석배수		CFU/g(mL)
	1 : 100	1 : 1,000	
집락수	232	33	24,000
	244	28	

$$N = \frac{(232 + 244 + 33 + 28)}{\{(1 \times 2) + (0.1 \times 2)\} \times 10^{-2}} = 537/0.022 = 24{,}409 \fallingdotseq 24{,}000$$

• 15 CFU/plate 미만인 경우: 가장 희석배수가 낮은 것을 측정

구분	희석배수		CFU/g(mL)
	1 : 10	1 : 100	
집락수	13	2	120
	11	1	

$$N = \frac{(13 + 11)}{(1 \times 2) \times 10^{-1}} = 24/0.2 = 120$$

3) 실험의 재료 및 기구

(1) 실험 재료

표준한천배지(Plate Count Agar), 생리식염수, 건조필름배지(일반세균용)

(2) 실험 기구

보틀, 멸균기, 시험관, 페트리 디시, 증류수, 호일, 멸균대, 피펫, 누름판, 발효관(durham 발효관), 백금이, 알코올램프, 무균대

4) 실험 방법

(1) 표준평판법

① 실험 준비

- 표준한천배지(Plate Count Agar): 표준한천배지 23.5 g과 증류수 1 L를 보틀에 넣어 녹이고 pH 7.0±0.2로 조정한 후, 멸균기에 넣고 멸균(121 ℃, 15분간) 한다. 멸균이 끝나고 보관 시 60 ℃의 건조기에 넣어서 보관한다(온도가 낮으면 한천이 응고되어 사용할 수 없다).

Tryptone	5.0 g
Yeast Extract	2.5 g
Dextrose	1.0 g
Agar	15.0 g
증류수	1 L

- 생리식염수: Sodium Chloride (NaCl) 8.5 g과 증류수 1 L를 보틀에 넣어 녹이고 멸균기에 넣어 멸균(121 ℃, 15분간) 한다.
- 건조필름배지(일반세균용)

Pancreatic Digest of Casein	3.4 g
Yeast Extract	2.4 g
Sodium Pyruvate	6.8 g
Dextrose	0.6 g
Dipotassium Phosphate	1.3 g
Monopotassium Phosphate	0.4 g
Guar gum	91.4 g
2,3,5-Triphenyltetrazolium Chloride	0.0205 g
증류수	1 L

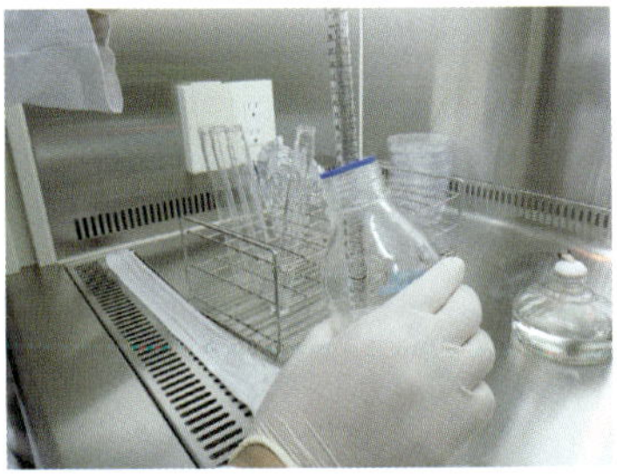

생리식염수 분주

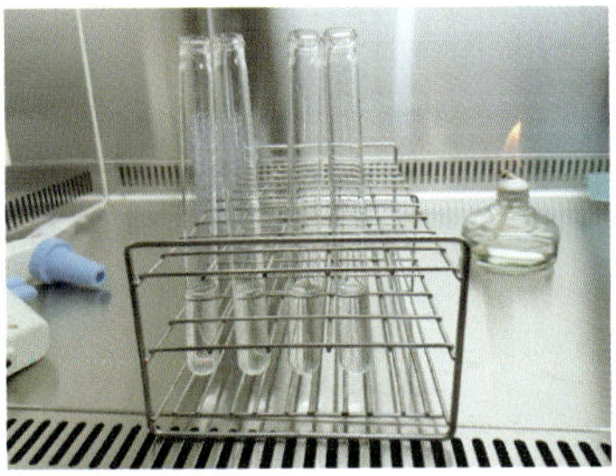

시험관 표기 (10^{-1}, 10^{-2}, 10^{-3}, 10^{-4})

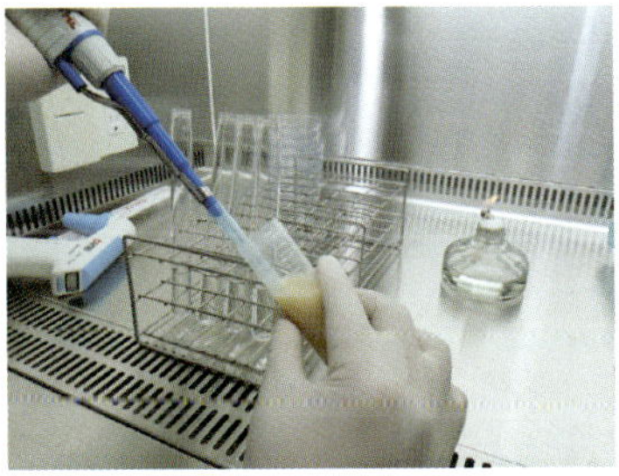

검체 분주

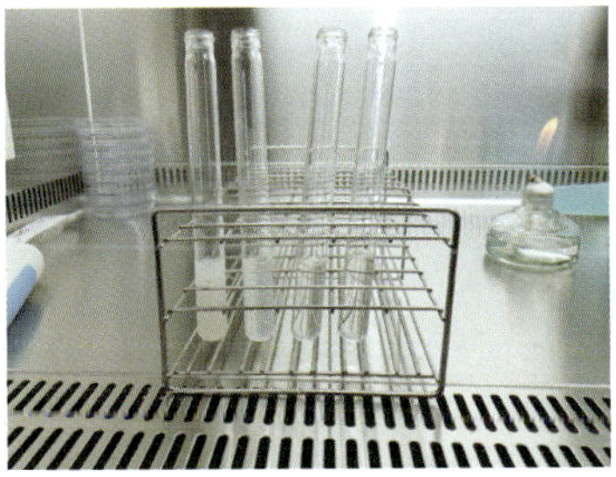

검체 희석

검체 희석

위의 성분을 121 ℃에서 15분간 멸균하여 건조필름을 제조한다.

② **검체의 희석**

- 멸균된 4개의 시험관에 생리식염수 9 mL을 각각 피펫을 이용하여 넣고 시험관에 10^{-1}, 10^{-2}, 10^{-3}, 10^{-4}라 표기한다.
- 검체 1 mL을 취해 10^{-1} 시험관에 가해 혼합하고, 다시 10^{-1} 시험관에서 1 mL를 취해 10^{-2} 시험관에 가하여 순차적으로 검체를 10^{-2}배, 10^{-3}배, 10^{-4}배로 희석한다.

③ **고체평판배지 제조 및 배양**

- 10^{-1}배, 10^{-2}배, 10^{-3}배, 10^{-4}배로 희석된 검체 1 mL씩을 페트리 디시(각 검체마다 2개씩)에 각각 분주한다.
- 표준한천배지를 15 mL정도 페트리 디시에 분주하고, 검체와 섞이도록 원을 그리며 천천히 돌려준다.
- 검체와 배지를 응고시키기 위해 약 20분간 방치하고 (뚜껑을 덮지 않는다) 완전히

응고되면 확산집락발생을 억제하기 위해 배지 위에 표준한천배지 5 mL를 더 분주하고 응고시킨다(이러한 작업을 중층이라고 한다).

- 응고된 페트리 디시를 35～37 ℃ 배양기에 거꾸로 넣어 24～48시간 배양한다.

④ **집락수의 산정 및 세균수**

- 배양이 끝난 표준한천배지에 집락이 발생하면 집락수를 계수 한다.
- 집락수는 1개의 평판에 15～300개의 집락을 생성한 평판만 선택하여 집락수를 측정한다.

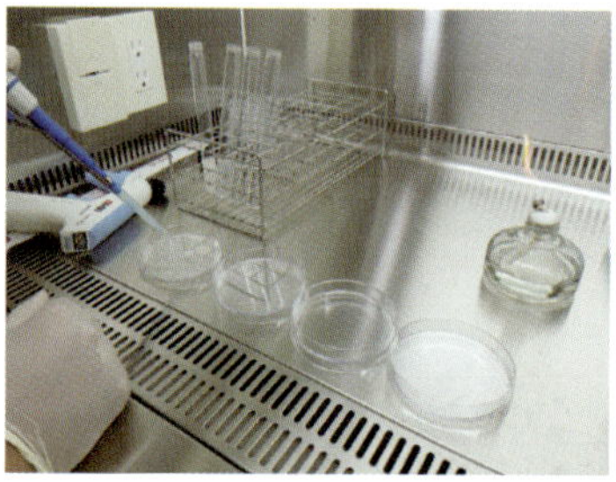

검체 분주

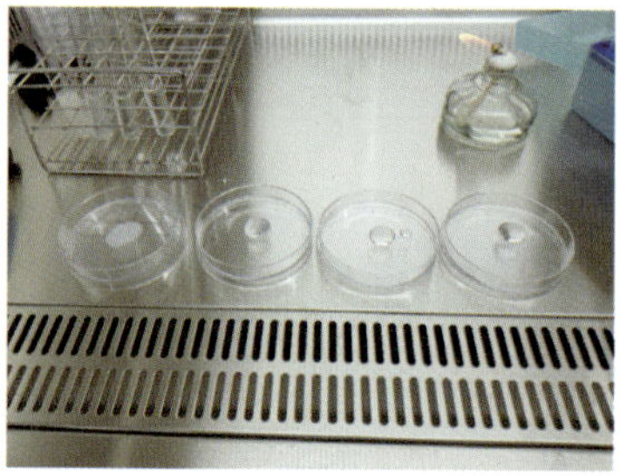

10^{-1}배, 10^{-2}배, 10^{-3}배, 10^{-4}배 희석 검체

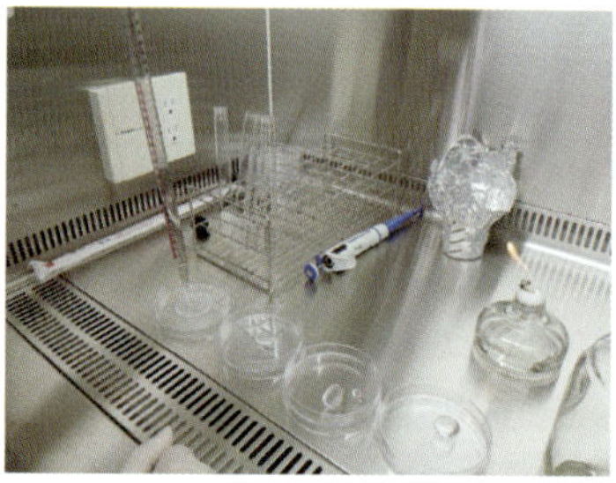

표준한천배지 분주(15 mL)

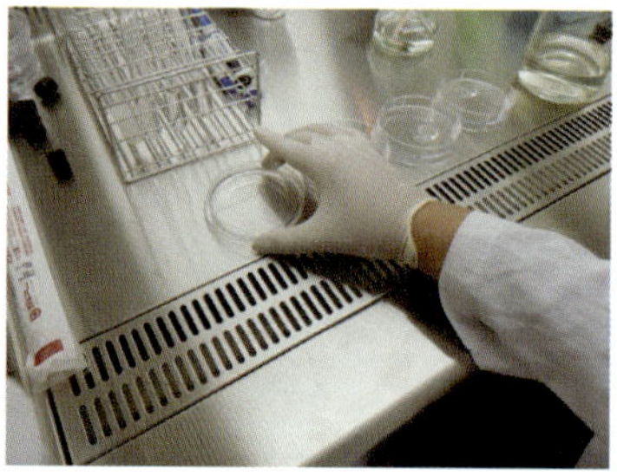

원을 그리며 교반

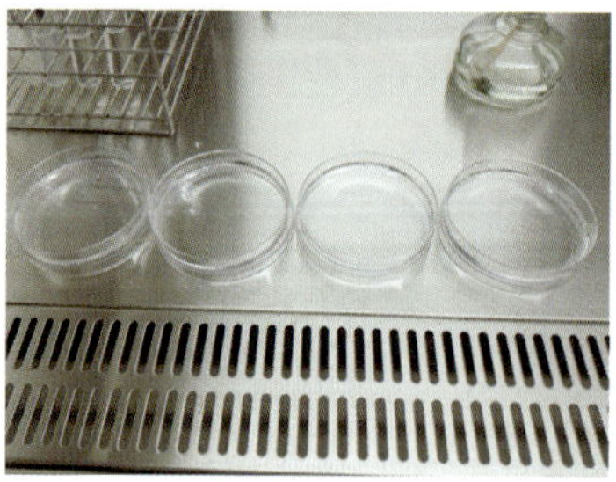

검체 및 표준한천배지 응고(1차)

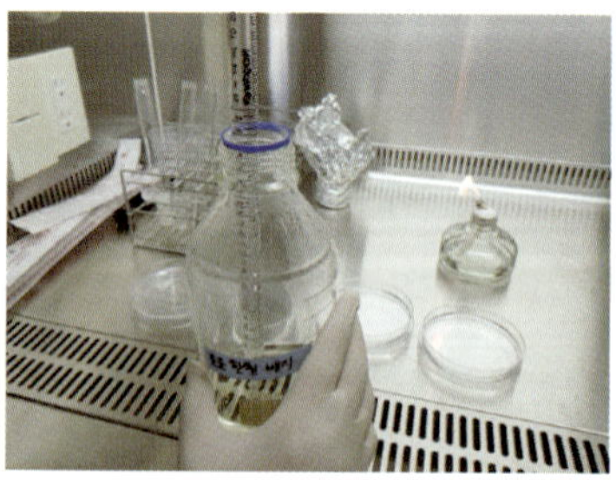

표준한천배지 분주(5 mL)

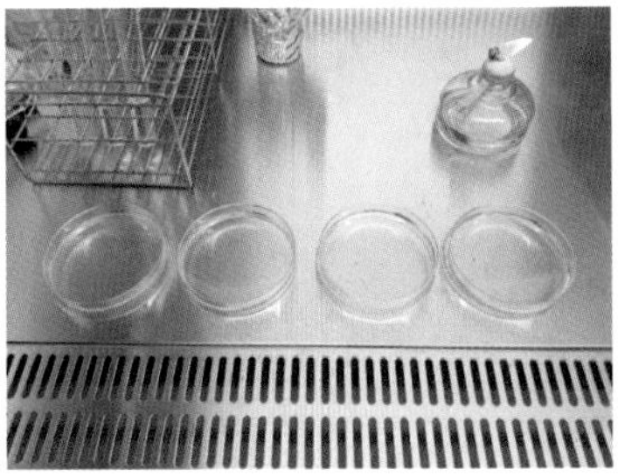

표준한천배지 응고(2차)

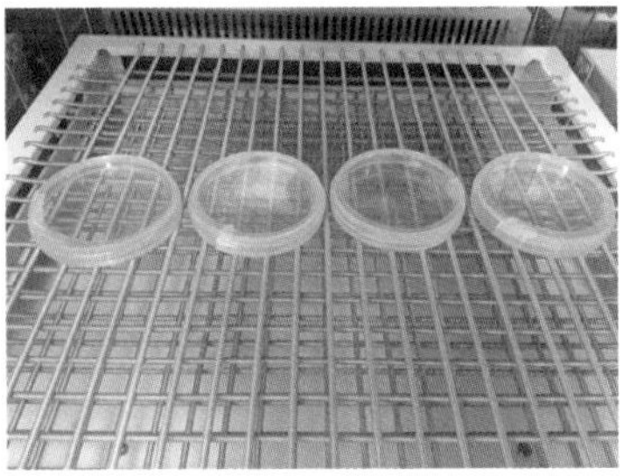

배양

배지 제조 및 배양

- 만약 평판에 15개 이하의 집락만 얻었을 경우에 가장 희석배수가 낮은 것을 측정한다.
- 유효숫자는 2개이며, 단위는 검체가 고체일 경우 CFU/g, 액체일 경우 CFU/mL이다.

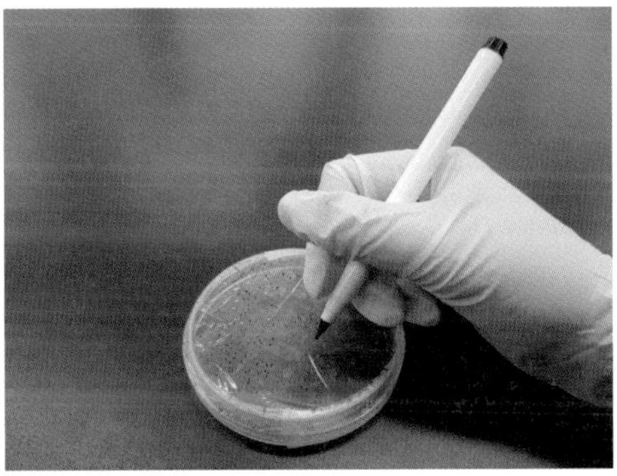

평판배지 집락수 산정

(2) 건조필름법

① **실험 준비**: 표준평판법에서 사용한 희석된 검체를 준비한다.

② **건조필름 접종**: 희석된 검체 1 mL를 건조필름(일반세균용) 2장에 접종하고, 누름판으로 누른 후 35～37 ℃ 배양기에 넣어 24～48시간 배양한다(누름판은 홈이 파인 부분이 아래로 향하게 눌러줘야 하며, 배지 부분은 절대 손으로 누르면 안 된다).

③ **결과 확인**: 세균이 성장할 경우 적색을 띠기 때문에 적색을 띠는 균체수를 계수 한다.

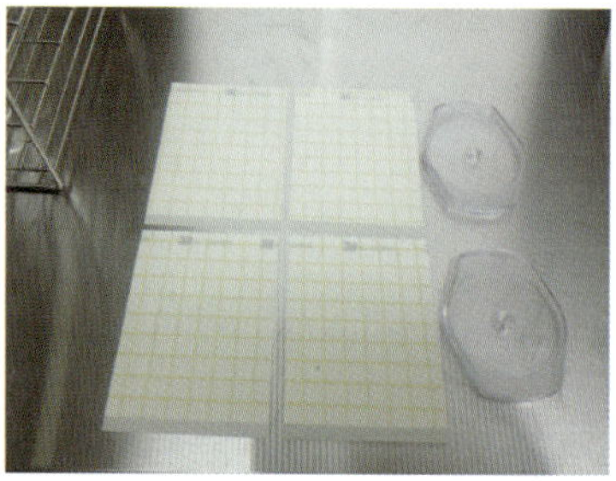

건조필름과 누름판

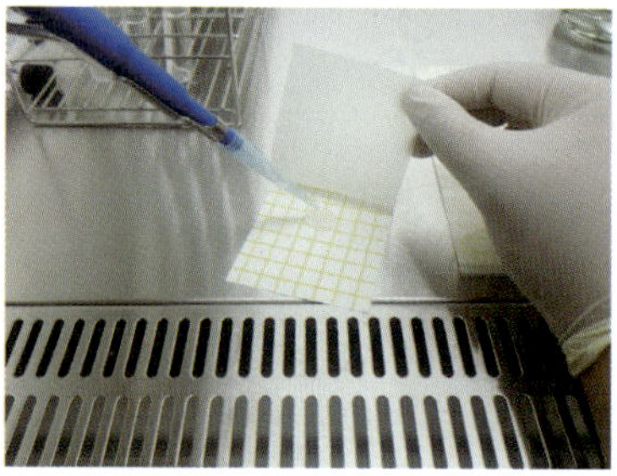

검체 분주

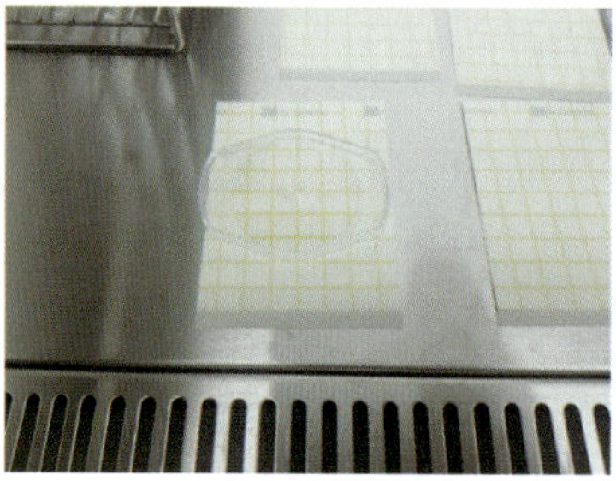

누름판으로 검체 고정

배양

건조필름 접종

집락수의 산정 및 세균수는 표준평판법과 동일하다.

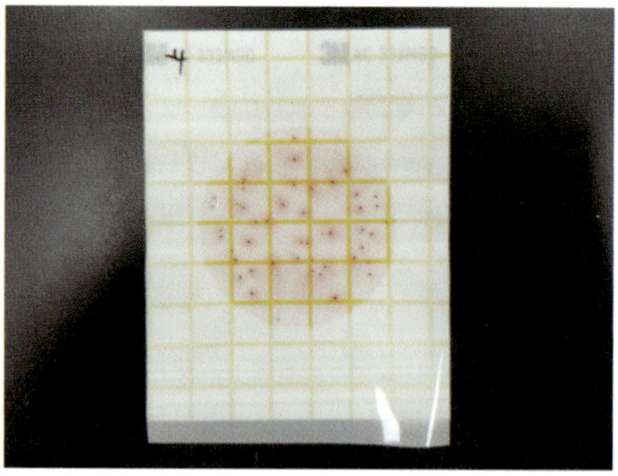

건조필름 집락수 산정

5) 실험 결과

(1) 표를 이용하여 표준한천배지의 집락수를 계수 한다.

(2) 표를 이용하여 건조필름의 집락수를 계수 한다.

구분	희석 배수				CFU/g(mL)
	1 : 10	1 : 100	1 : 1,000	1 : 10,000	
집락수					

4. 대장균군검사 *식품산업기사 실기시험종목

1) 실험 목적

(1) 대장균을 배양할 수 있는 배지에 대해 탐색해보고, 미지 검체에서 대장균을 검출한다.

(2) 대장균군의 정성실험인 추정실험, 확정실험, 완전실험에 대한 원리와 실험 방법을 이해한다.

(3) 대장균군의 정량실험인 MPN(최적수법)과 건조필름법에 의한 원리와 정량 방법을 익힌다.

2) 실험 원리

대장균군은 그람음성, 비포자성 간균으로 37 ℃에서 24시간의 배양 동안 유당을 분해하여 가스와 산을 발생하는 호기성 또는 통성혐기성균이다. 대장균군은 분변으로부터 유래되기 때문에 식품 및 위생관리에 있어 분변성오염의 유무를 확인할 수 있다.

(1) 대장균군의 정성실험은 3단계로 구분할 수 있다.

① **추정실험(Presumptive test)**: 유당배지, MPN(최적수법)

- 추정실험은 실험하고자 하는 식품을 유당발효 배지에 첨가하여 24~48시간 배양한다.
- 대장균군이 존재하면 유당을 분해하여 산과 가스를 발생시키기 때문에 배지 안에 있는 듀람 시험관에 기포가 생기게 되며(양성), 비장내세균은 유당을 이용하지 못하기 때문에 기포가 생기지 않는다(음성).
- 양성 시험관의 진위 여부는 확정 및 완전실험을 통하여 결정한다.
- MPN(Most Probable Number, 최적수법)은 검체의 연속한 3단계 희석(0.1, 0.01, 0.001/10, 1, 0.1)과 반복 시험관(시험관 5개/3개)을 이용하여 양성반응을 확인하고 그 결과로부터 최확수표(별표)를 이용하여 확률적인 세균군의 수를 추정하는 방법이다.

② **확정실험(Confirmed test)**: BGLB, EMB 배지

확정실험은 추정실험에서 양성판정을 한 대장균군에 대한 확인을 위한 방법으로 추정실험에서 양성판정이 나더라도 기원생물이 비장내세균에 의해 나타날 가능성이 있어 BGLB배지(Brilliant Green Lactose Bile Broth), EMB 한천배지(Eosin Methylene Blue Agar)를 이용하여 양성판정을 다시 확인한다.

③ **완전실험(Completed test)**: LB 배지, 그람염색

확정실험에서 EMB 배지을 이용하여 배양한 단일 콜로니(colony)에 대해 다시 한번 유당배지에서 양성판정을 확인한다. 그리고 양성을 나타낼 경우 그람염색을 통해 그람음성, 간균, 비아포 여부를 확인한다.

(2) 건조필름법에 의한 정량

대장균군의 신속 검출을 위해 최근 건조필름배지를 이용하여 정량한다. 배지에는 Bile Salt(담즙산비내성 비대장균군의 성장 억제)와 크리스털 바이올렛(그람양성균의 성장 억제)이 있다. 유당을 이용하여 산을 생성하며 Neutral Red에 의해 콜로니가 적색 콜로니 주변에 가스가 생성된 집락을 계수 한다.

3) 실험의 재료 및 기구

(1) 실험 재료

유당배지, BGLB배지, EMB 한천배지, 보통한천배지, 생리식염수, 건조필름배지(대장균군용), 그람염색약

(2) 실험 기구

보틀, 멸균기, 시험관, 페트리 디시, 증류수, 멸균대, 피펫, 누름판, 발효관(Durham 발효관), 백금이, 알코올램프, 무균대

4) 실험 방법

(1) 표준평판법

① 실험 준비

- 유당배지: Lactose Broth 13 g과 증류수 1 L를 보틀에 넣어 녹이고 pH 6.9±0.2로 조정한 후, 멸균기에 넣고 멸균(121 ℃, 15분간) 한다. 2배농도 유당배지는 Lactose Broth 26 g과 증류수 1 L를 보틀에 넣어 녹이고 pH 6.9±0.2로 조정한 후, 멸균기에 넣고 멸균(121 ℃, 15분간) 한다.

Peptone	5.0 g (2 × 유당배지: 10.0 g)
Beef Extract	3.0 g (2 × 유당배지: 6.0 g)
Lactose	5.0 g (2 × 유당배지: 10.0 g)
증류수	1 L

- BGLB배지: Brilliant Green Lactose Bile Broth 30 g과 증류수 1 L를 보틀에 넣어 녹이고 pH 7.2±0.1로 조정한 후, 멸균기에 넣고 멸균(121 ℃, 15분간) 한다.

Peptone	10.0 g
Lactose	10.0 g
Oxgall	20.0 g
Brilliant green	0.0133 g
증류수	1 L

- EMB 한천배지: Eosin Methylene Blue Agar 40 g과 증류수 1 L를 보틀에 넣어 녹이고 pH 6.8±0.2로 조정한 후, 멸균기에 넣고 멸균(121 ℃, 15분간) 한다. 멸균이 끝난 후 45～50 ℃정도 되었을 때 페트리 디시에 25 mL 분주하여 응고시킨다.

Peptone	10.0 g
Lactose	5.0 g
Sucrose	5.0 g
Dipotassium Phosphate	2.0 g
Eosin Y	0.4 g
Methylene Blue	0.065 g
Agar	13.5 g
증류수	1 L

- 보통한천배지: Nutrient Agar 23 g과 증류수 1 L를 보틀에 넣어 녹이고 pH 6.8±0.2로 조정한 후, 멸균기에 넣고 멸균(121 ℃, 15분간) 한다. 멸균이 끝난 후 45～50 ℃정도 되었을 때 페트리 디시에 25 mL 분주하여 응고시킨다.

Peptone	5.0 g
Beef Extract	3.0 g
Agar	15.0 g
증류수	1 L

- 생리식염수: Sodium Chloride (NaCl) 8.5 g과 증류수 1 L를 보틀에 넣어 녹이고 멸균기에 넣어 멸균(121 ℃, 15분간) 한다.
- 건조필름배지(대장균군용)

Yeast Extract	9.6 g
Pancreatic Digest of gelatin	20.9 g
Bile Salt No. 3	1.6 g
Peptic Digest of Animal Tissue	1.6 g
Lactose	21.4 g
Sodium Chloride	5.3 g
Crystal Violet	0.002 g
Neutral Red	0.1 g
Guar gum	65.7 g
2,3,5-Triphenyltetrazolium Chloride	0.11 g
증류수	1 L

위의 성분을 121 ℃에서 15분간 멸균하여 건조필름을 제조한다

② 추정실험

- 검체의 연속한 3단계 희석(10, 1, 0.1)과 반복 시험관(시험관 5개)을 이용하여 2배농도 유당배지 10 mL에 검체 10 mL을 분주하고, 유당배지 10 mL에 검체 1 mL, 0.1 mL를 각각 분주한다.
- 시험관에 듀람 시험관을 넣고 35～37 ℃에서 24±2시간 동안 배양한 후 가스발생

여부를 확인하고 가스가 발생하지 않으면 배양을 계속하여 48±3시간까지 관찰한다.

- 유당배지의 듀람 시험관에 기포가 발생하면 추정실험 결과 양성이다.

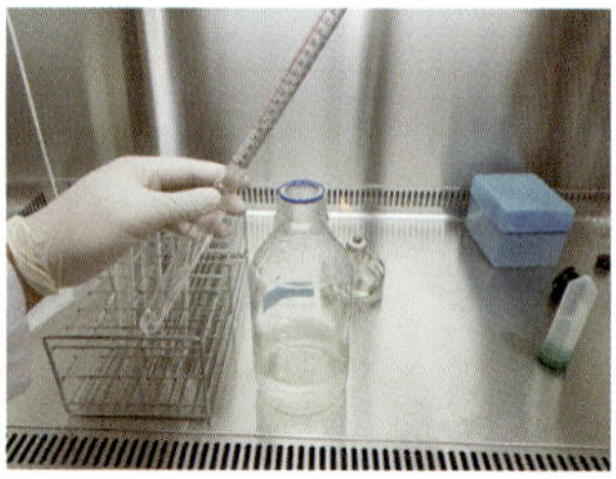
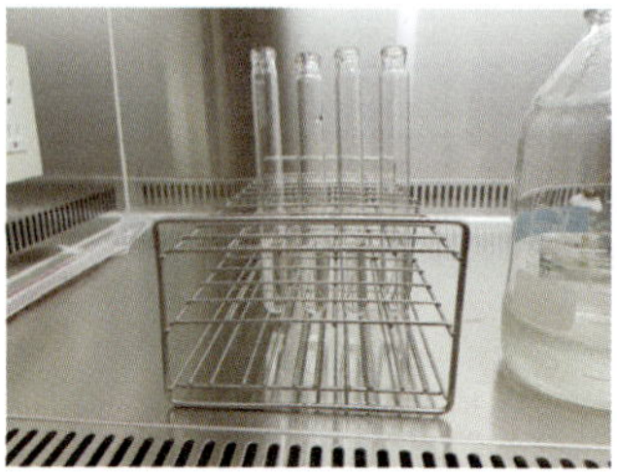

유당배지 분주

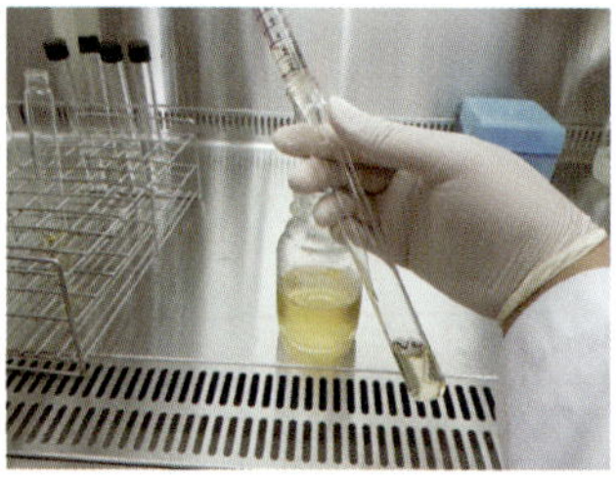
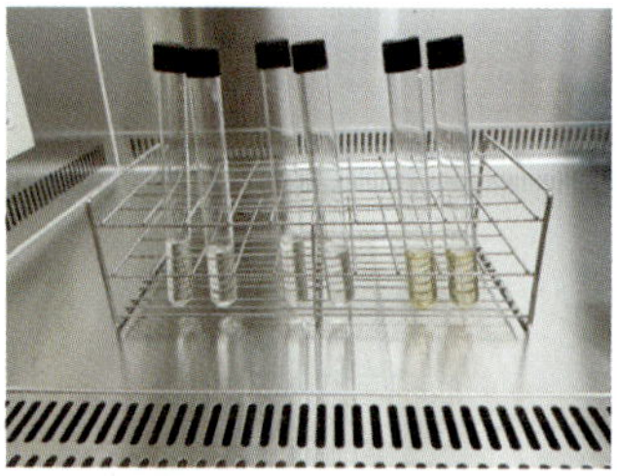

2배농도 유당배지 분주

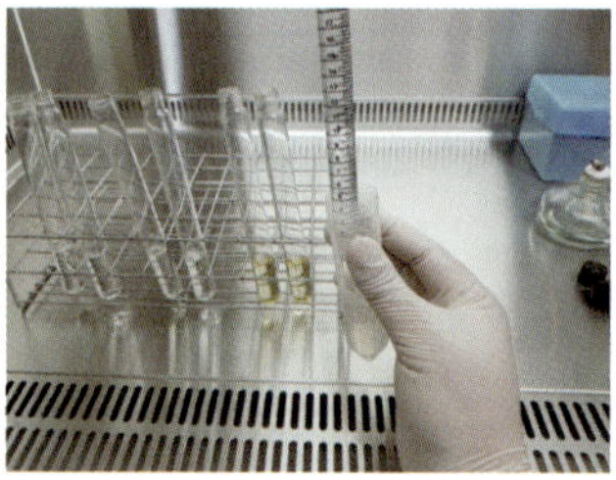

검체 분주

듀람 시험관

배양

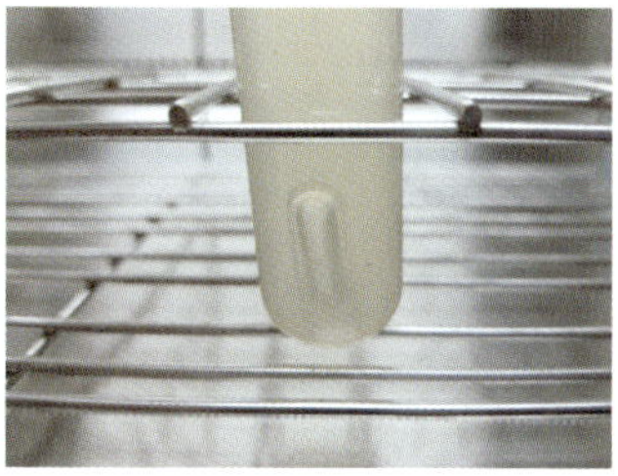

배양 결과(양성)

추정실험

③ 확정실험

- 추정실험 양성인 시험관에서 1백금이를 취하여 BGLB배지에 이식하여 35～37 ℃에서 24±2시간 동안 배양한 후 가스발생 여부를 확인하고 가스가 발생하지 아니하였을 때에는 배양을 계속하여 48±3시간까지 관찰한다.
- BGLB배지의 듀람 시험관에 기포가 발생하거나 갈색으로 변하면 확정실험 결과 양성이다.

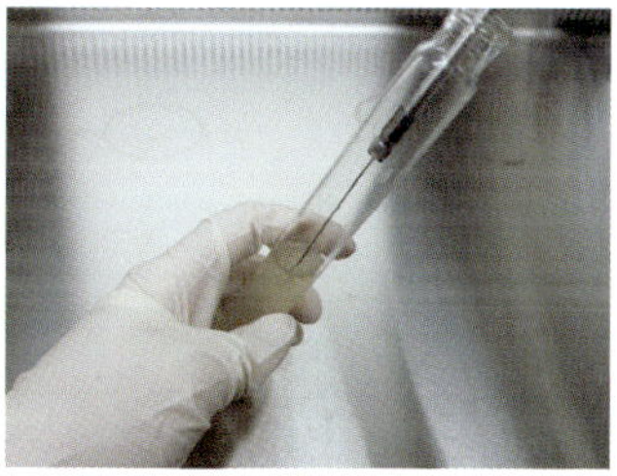

추정실험 양성 판정 배양액

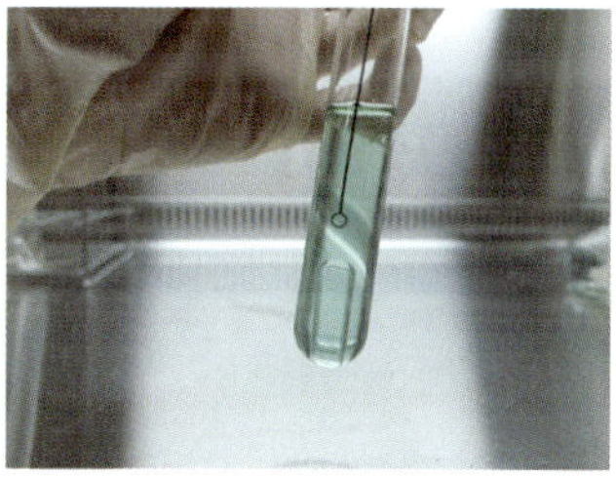

BGLB 배지 접종

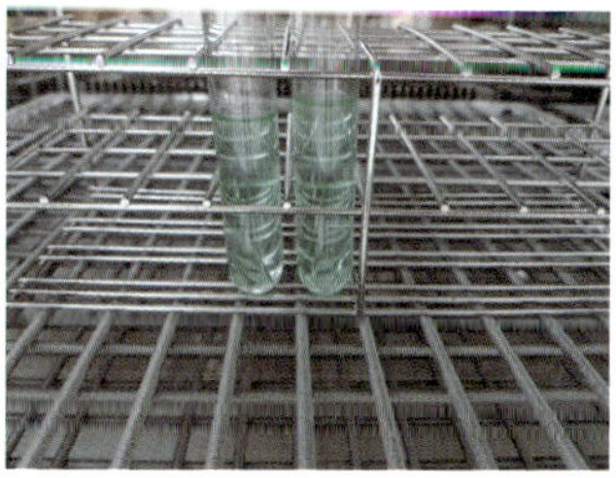

배양

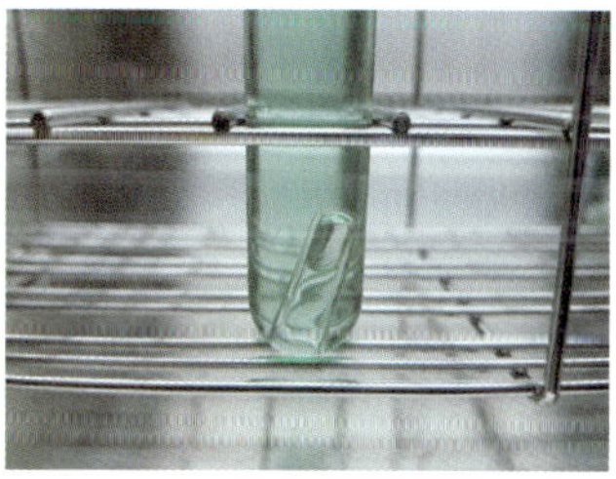

배양 결과(양성)

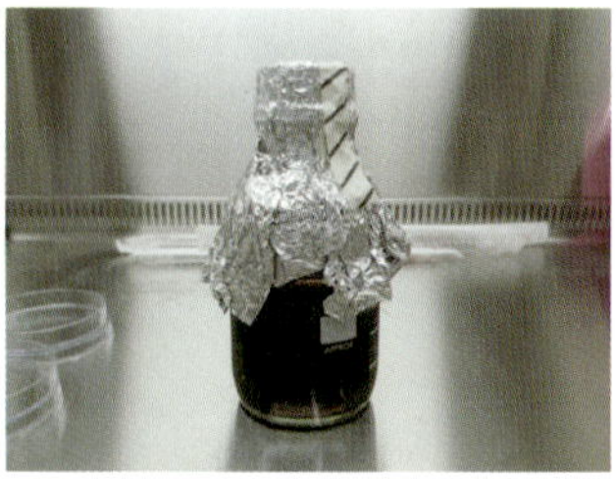

EMB 한천배지 멸균

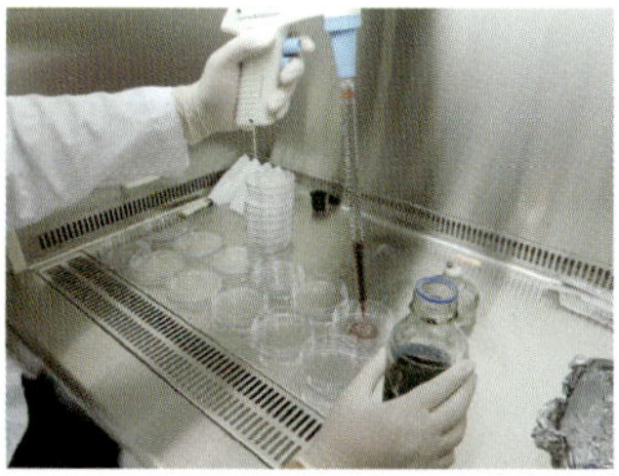

EMB 한천배지 분주

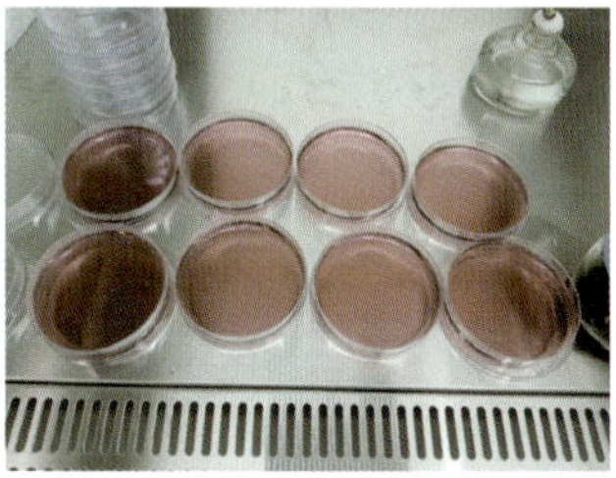

EMB 한천배지 응고

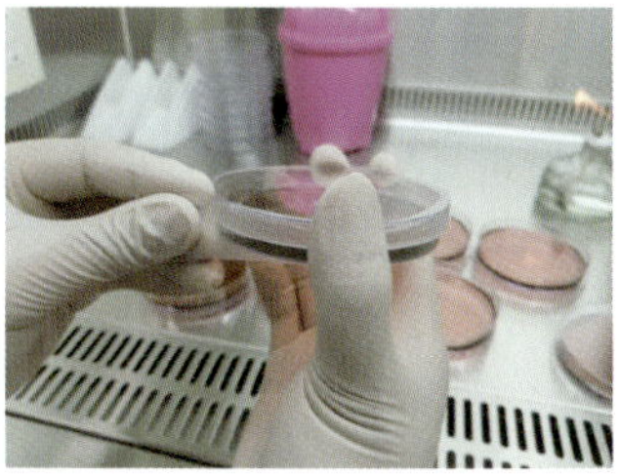

파라필름 봉합

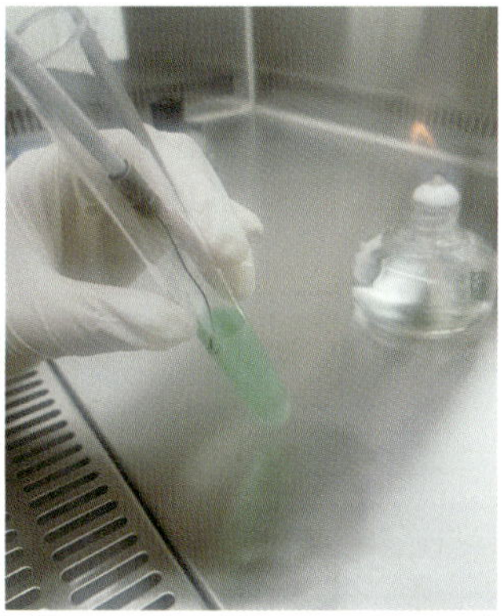

확정실험 양성 시험관

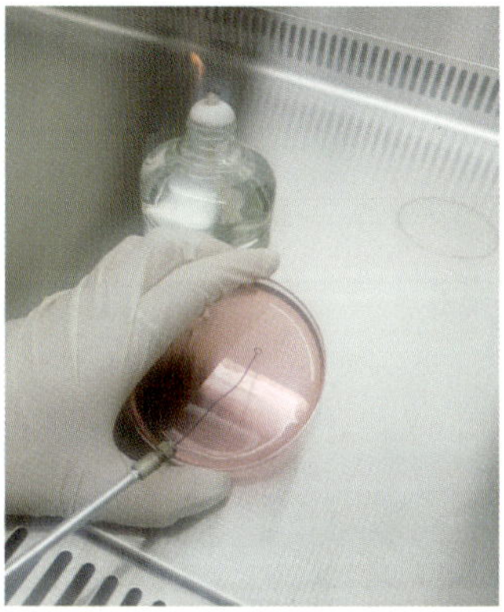

배양액 도말

배양

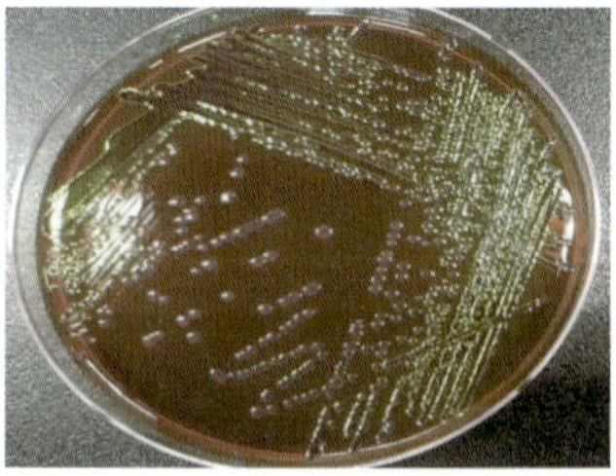

배양 결과

확정실험

- BGLB배지의 양성인 시험관에서 백금로 배양액을 취하여 EMB 한천배지에 획선도말(3분 또는 4분도말을 이용)을 접종한다.
- 접종한 배지를 거꾸로 하여 35～37 ℃ 배양기에서 24±2시간 배양한 후 결과를 판정한다.

④ **완전실험**

- EMB 한천배지에서 전형적인 대장균군의 전형적인 균체를 1백금이 취하여 유당배지와 보통한천배지에 각각 접종하여 35～37 ℃ 배양기에서 48±3시간 배양한다.
- 가스발생을 확인하고 보통한천배지에서 배양된 균체를 취하여 그람염색을 실시한다.
- 그람염색 결과 그람음성, 무아포성 간균이 확인되면 완전실험은 양성이며 대장균군은 양성이다.

(2) 건조필름법

① **실험 준비**: 추정실험에서 사용한 희석된 검체를 준비한다.

② **건조필름 접종**: 희석된 검체 1 mL를 건조필름(대장균군용) 2장에 접종하고, 누름판으로 누른 후 35～37 ℃ 배양기에 넣어 24～48시간 배양한다(누름판은 홈이 파인 부분이 아래로 향하게 눌러줘야 하며, 배지 부분은 절대 손으로 누르면 안 된다).

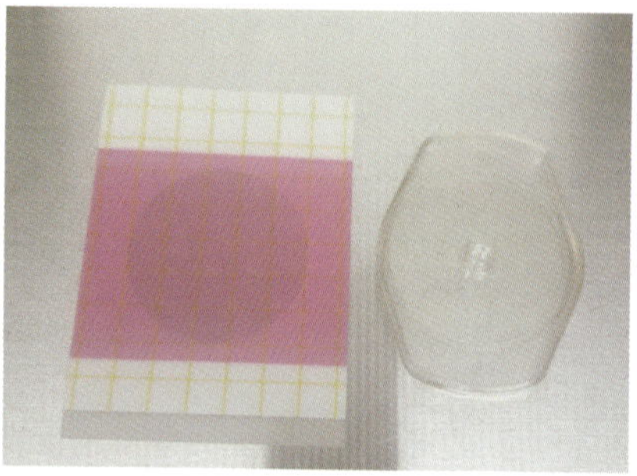

건조필름과 누름판

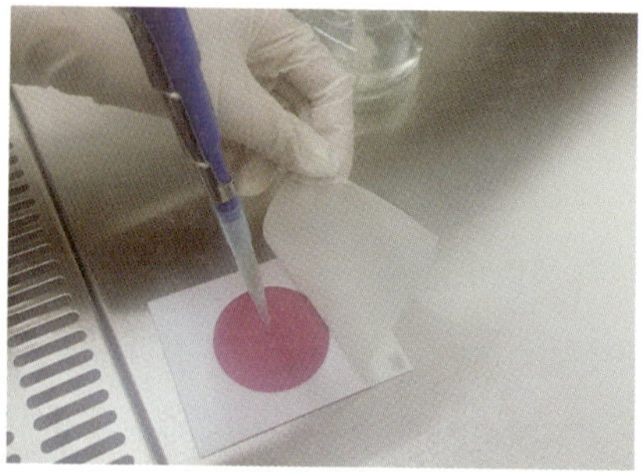

검체 분주

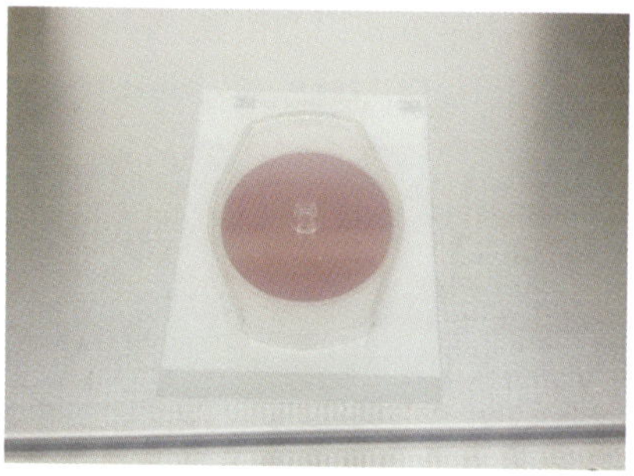

누름판으로 검체 고정

배양

건조필름 접종

③ **결과 확인**: 건조필름에 가스가 발생한 붉은 집락수를 계수 한다. 집락수의 산정 및 세균수는 일반세균 집락수 산정과 동일하다.

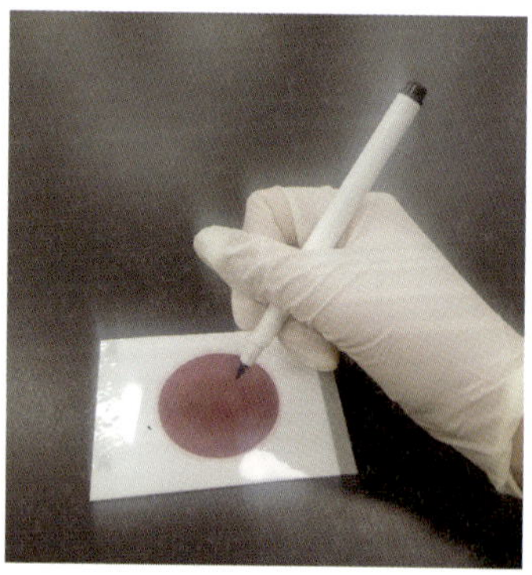

건조필름 집락수 산정

5) 실험 결과

(1) 완전실험에서 그람염색 결과를 통해 대장균군의 양성, 음성을 판단하고 사진으로 나타내어라.

(2) 표를 이용하여 건조필름의 집락수를 계수 한다.

구분	희석 배수				CFU/g(mL)
	1 : 10	1 : 100	1 : 1,000	1 : 10,000	
집락수					

별표 1. 3단계희석 시험관 5개씩 실험하였을 때 양성에 대한 최확수(95 %의 신뢰한계)

양성시험관수			MPN/	양성시험관수			MPN/	양성시험관수			MPN/	양성시험관수			MPN/	양성시험관수			MPN/	양성시험관수			MPN/
0.1	0.01	0.001	g(mL)	0.1	0.01	0.001	g(mL)	0.1	0.01	0.001	g(mL)	0.1	0.01	0.001	g(mL)	0.1	0.01	0.001	g(mL)	0.1	0.01	0.001	g(mL)
0	0	0	<1.8	1	0	0	2	2	0	0	4.5	3	0	0	7.8	4	0	0	13	5	0	0	23
0	0	1	1.8	1	0	1	4	2	0	1	6.8	3	0	1	11	4	0	1	17	5	0	1	31
0	0	2	3.6	1	0	2	6	2	0	2	9.1	3	0	2	13	4	0	2	21	5	0	2	43
0	0	3	5.4	1	0	3	8	2	0	3	12	3	0	3	16	4	0	3	25	5	0	3	58
0	0	4	7.2	1	0	4	10	2	0	4	14	3	0	4	20	4	0	4	30	5	0	4	76
0	0	5	9	1	0	5	12	2	0	5	16	3	0	5	23	4	0	5	36	5	0	5	95
0	1	0	1.8	1	1	0	4	2	1	0	6.8	3	1	0	11	4	1	0	17	5	1	0	33
0	1	1	3.6	1	1	1	6.1	2	1	1	9.2	3	1	1	14	4	1	1	21	5	1	1	46
0	1	2	5.5	1	1	2	8.1	2	1	2	12	3	1	2	17	4	1	2	26	5	1	2	63
0	1	3	7.3	1	1	3	10	2	1	3	14	3	1	3	20	4	1	3	31	5	1	3	84
0	1	4	9.1	1	1	4	12	2	1	4	17	3	1	4	23	4	1	4	36	5	1	4	110
0	1	5	11	1	1	5	14	2	1	5	19	3	1	5	27	4	1	5	42	5	1	5	130
0	2	0	3.7	1	2	0	6.1	2	2	0	9.3	3	2	0	14	4	2	0	22	5	2	0	49
0	2	1	5.5	1	2	1	8.2	2	2	1	12	3	2	1	17	4	2	1	26	5	2	1	70
0	2	2	7.4	1	2	2	10	2	2	2	14	3	2	2	20	4	2	2	32	5	2	2	94
0	2	3	9.2	1	2	3	12	2	2	3	17	3	2	3	24	4	2	3	38	5	2	3	120
0	2	4	11	1	2	4	15	2	2	4	19	3	2	4	27	4	2	4	44	5	2	4	150
0	2	5	13	1	2	5	17	2	2	5	22	3	2	5	31	4	2	5	50	5	2	5	180
0	3	0	5.6	1	3	0	8.3	2	3	0	12	3	3	0	17	4	3	0	27	5	3	0	79
0	3	1	7.4	1	3	1	10	2	3	1	14	3	3	1	21	4	3	1	33	5	3	1	110
0	3	2	9.3	1	3	2	13	2	3	2	17	3	3	2	24	4	3	2	39	5	3	2	140
0	3	3	11	1	3	3	15	2	3	3	20	3	3	3	28	4	3	3	45	5	3	3	180
0	3	4	13	1	3	4	17	2	3	4	22	3	3	4	31	4	3	4	52	5	3	4	210
0	3	5	15	1	3	5	19	2	3	5	25	3	3	5	35	4	3	5	59	5	3	5	250
0	4	0	7.5	1	4	0	11	2	4	0	15	3	4	0	21	4	4	0	34	5	4	0	130
0	4	1	9.4	1	4	1	13	2	4	1	17	3	4	1	24	4	4	1	40	5	4	1	170
0	4	2	11	1	4	2	15	2	4	2	20	3	4	2	28	4	4	2	47	5	4	2	220
0	4	3	13	1	4	3	17	2	4	3	23	3	4	3	32	4	4	3	54	5	4	3	280
0	4	4	15	1	4	4	19	2	4	4	25	3	4	4	36	4	4	4	62	5	4	4	350
0	4	5	17	1	4	5	22	2	4	5	28	3	4	5	40	4	4	5	69	5	4	5	430
0	5	0	9.5	1	5	0	13	2	5	0	17	3	5	0	25	4	5	0	41	5	5	0	240
0	5	1	11	1	5	1	15	2	5	1	20	3	5	1	29	4	5	1	48	5	5	1	350
0	5	2	13	1	5	2	17	2	5	2	23	3	5	2	32	4	5	2	56	5	5	2	540
0	5	3	15	1	5	3	19	2	5	3	26	3	5	3	37	4	5	3	64	5	5	3	920
0	5	4	17	1	5	4	22	2	5	4	29	3	5	4	41	4	5	4	72	5	5	4	1,600
0	5	5	19	1	5	5	24	2	5	5	32	3	5	5	45	4	5	5	81	5	5	5	> 1,600

양성시험관수 10 1 0.1	MPN/100 mL	양성시험관수 10 1 0.1	MPN/100 mL	양성시험관수 10 1 0.1	MPN/100 mL	양성시험관수 10 1 0.1	MPN/100 mL	양성시험관수 10 1 0.1	MPN/100 mL	양성시험관수 10 1 0.1	MPN/100 mL
0 0 0	<1.8	1 0 0	2	2 0 0	4.5	3 0 0	7.8	4 0 0	13	5 0 0	23
0 0 1	1.8	1 0 1	4	2 0 1	6.8	3 0 1	11	4 0 1	17	5 0 1	31
0 0 2	3.6	1 0 2	6	2 0 2	9.1	3 0 2	13	4 0 2	21	5 0 2	43
0 0 3	5.4	1 0 3	8	2 0 3	12	3 0 3	16	4 0 3	25	5 0 3	58
0 0 4	7.2	1 0 4	10	2 0 4	14	3 0 4	20	4 0 4	30	5 0 4	76
0 0 5	9	1 0 5	12	2 0 5	16	3 0 5	23	4 0 5	36	5 0 5	95
0 1 0	1.8	1 1 0	4	2 1 0	6.8	3 1 0	11	4 1 0	17	5 1 0	33
0 1 1	3.6	1 1 1	6.1	2 1 1	9.2	3 1 1	14	4 1 1	21	5 1 1	46
0 1 2	5.5	1 1 2	8.1	2 1 2	12	3 1 2	17	4 1 2	26	5 1 2	63
0 1 3	7.3	1 1 3	10	2 1 3	14	3 1 3	20	4 1 3	31	5 1 3	84
0 1 4	9.1	1 1 4	12	2 1 4	17	3 1 4	23	4 1 4	36	5 1 4	110
0 1 5	11	1 1 5	14	2 1 5	19	3 1 5	27	4 1 5	42	5 1 5	130
0 2 0	3.7	1 2 0	6.1	2 2 0	9.3	3 2 0	14	4 2 0	22	5 2 0	49
0 2 1	5.5	1 2 1	8.2	2 2 1	12	3 2 1	17	4 2 1	26	5 2 1	70
0 2 2	7.4	1 2 2	10	2 2 2	14	3 2 2	20	4 2 2	32	5 2 2	94
0 2 3	9.2	1 2 3	12	2 2 3	17	3 2 3	24	4 2 3	38	5 2 3	120
0 2 4	11	1 2 4	15	2 2 4	19	3 2 4	27	4 2 4	44	5 2 4	150
0 2 5	13	1 2 5	17	2 2 5	22	3 2 5	31	4 2 5	50	5 2 5	180
0 3 0	5.6	1 3 0	8.3	2 3 0	12	3 3 0	17	4 3 0	27	5 3 0	79
0 3 1	7.4	1 3 1	10	2 3 1	14	3 3 1	21	4 3 1	33	5 3 1	110
0 3 2	9.3	1 3 2	13	2 3 2	17	3 3 2	24	4 3 2	39	5 3 2	140
0 3 3	11	1 3 3	15	2 3 3	20	3 3 3	28	4 3 3	45	5 3 3	180
0 3 4	13	1 3 4	17	2 3 4	22	3 3 4	31	4 3 4	52	5 3 4	210
0 3 5	15	1 3 5	19	2 3 5	25	3 3 5	35	4 3 5	59	5 3 5	250
0 4 0	7.5	1 4 0	11	2 4 0	15	3 4 0	21	4 4 0	34	5 4 0	130
0 4 1	9.4	1 4 1	13	2 4 1	17	3 4 1	24	4 4 1	40	5 4 1	170
0 4 2	11	1 4 2	15	2 4 2	20	3 4 2	28	4 4 2	47	5 4 2	220
0 4 3	13	1 4 3	17	2 4 3	23	3 4 3	32	4 4 3	54	5 4 3	280
0 4 4	15	1 4 4	19	2 4 4	25	3 4 4	36	4 4 4	62	5 4 4	350
0 4 5	17	1 4 5	22	2 4 5	28	3 4 5	40	4 4 5	69	5 4 5	430
0 5 0	9.5	1 5 0	13	2 5 0	17	3 5 0	25	4 5 0	41	5 5 0	240
0 5 1	11	1 5 1	15	2 5 1	20	3 5 1	29	4 5 1	48	5 5 1	350
0 5 2	13	1 5 2	17	2 5 2	23	3 5 2	32	4 5 2	56	5 5 2	540
0 5 3	15	1 5 3	19	2 5 3	26	3 5 3	37	4 5 3	64	5 5 3	920
0 5 4	17	1 5 4	22	2 5 4	29	3 5 4	41	4 5 4	72	5 5 4	1,600
0 5 5	19	1 5 5	24	2 5 5	32	3 5 5	45	4 5 5	81	5 5 5	> 1,600

※ 최확수법을 이용한 판정 시 양성 시험관수가 모두 0인 경우 결과값은 0으로 간주한다.

별표 2. 3단계희석 시험관 3개씩 실험하였을 때 양성에 대한 최확수(95 %의 신뢰한계)

양성시험관수			MPN/g(mL)	양성시험관수			MPN/g(mL)
0.1	0.01	0.001		0.1	0.01	0.001	
0	0	0	<3	2	0	0	9.2
0	0	1	3	2	0	1	14
0	0	2	6	2	0	2	20
0	0	3	9	2	0	3	26
0	1	0	3	2	1	0	15
0	1	1	6.1	2	1	1	20
0	1	2	9.2	2	1	2	27
0	1	3	12	2	1	3	34
0	2	0	6.2	2	2	0	21
0	2	1	9.3	2	2	1	28
0	2	2	12	2	2	2	35
0	2	3	16	2	2	3	42
0	3	0	9.4	2	3	0	29
0	3	1	13	2	3	1	36
0	3	2	16	2	3	2	44
0	3	3	19	2	3	3	53
1	0	0	3.6	3	0	0	23
1	0	1	7.2	3	0	1	38
1	0	2	11	3	0	2	64
1	0	3	15	3	0	3	95
1	1	0	7.4	3	1	0	43
1	1	1	11	3	1	1	75
1	1	2	15	3	1	2	120
1	1	3	19	3	1	3	160
1	2	0	11	3	2	0	93
1	2	1	15	3	2	1	150
1	2	2	20	3	2	2	210
1	2	3	24	3	2	3	290
1	3	0	16	3	3	0	240
1	3	1	20	3	3	1	460
1	3	2	24	3	3	2	1100
1	3	3	29	3	3	3	> 1,100

양성시험관수			MPN/100(mL)	양성시험관수			MPN/100(mL)
10	1	0.1		10	1	0.1	
0	0	0	<3	2	0	0	9.2
0	0	1	3	2	0	1	14
0	0	2	6	2	0	2	20
0	0	3	9	2	0	3	26
0	1	0	3	2	1	0	15
0	1	1	6.1	2	1	1	20
0	1	2	9.2	2	1	2	27
0	1	3	12	2	1	3	34
0	2	0	6.2	2	2	0	21
0	2	1	9.3	2	2	1	28
0	2	2	12	2	2	2	35
0	2	3	16	2	2	3	42
0	3	0	9.4	2	3	0	29
0	3	1	13	2	3	1	36
0	3	2	16	2	3	2	44
0	3	3	19	2	3	3	53
1	0	0	3.6	3	0	0	23
1	0	1	7.2	3	0	1	38
1	0	2	11	3	0	2	64
1	0	3	15	3	0	3	95
1	1	0	7.4	3	1	0	43
1	1	1	11	3	1	1	75
1	1	2	15	3	1	2	120
1	1	3	19	3	1	3	160
1	2	0	11	3	2	0	93
1	2	1	15	3	2	1	150
1	2	2	20	3	2	2	210
1	2	3	24	3	2	3	290
1	3	0	16	3	3	0	240
1	3	1	20	3	3	1	460
1	3	2	24	3	3	2	1100
1	3	3	29	3	3	3	> 1,100

※ 최확수법을 이용한 판정 시 양성 시험관수가 모두 0인 경우 결과값은 0으로 간주한다.

Reference

참고문헌

금종화 · 김정숙 · 김지상 · 남진식 · 배지현 · 손홍수 · 오성훈, 식품분석 이론 및 실습, 지구문화사, 2017

김덕웅 · 신성균 · 유춘철 · 임혜영, 그림으로 본 식품분석 및 위생실험, 석학당, 2009

노봉수 · 김석중 · 김영석 · 이광근 · 이재환, 실무를 위한 식품분석학, 수학사, 2008 · 2014

식품생명과학연구회, 식품기사 · 산업기사 실기시험문제, 크라운출판사, 2017 · 2019

식품의약품안전처, 식품공전 고시 제 2019－16호, 2019

식품의약품안전처, 식품 및 식품첨가물공전, 벨트란 당류 정량표/여지크로마토그래피

이근보 · 고명수 · 윤경영 · 양종범, 쉬운 식품분석, 유한문화사, 2011

이수정 · 최병범 · 송태희 · 이석원 · 한명륜 · 이재우, 이해하기 쉬운 식품분석, 파워북, 2014 · 2017

한국산업안전보건공단, 실험실 안전보건에 관한 기술지침, 2018

한국식품과학교수협의회, 식품(산업)기사 실기, 지구문화사, 2017

사이트

http://curlyarrow.blogspot.com/2011/03/sand－bath－alternative－to－oil－bath.html

http://www.foodsafetykorea.go.kr/foodcode/04_03.jsp?idx=8 63

http://koreanfood.rda.go.kr

Index

찾아보기

ㅅ

ㅇ

ㅈ

ㅊ

ㅋ

ㅌ

ㅍ

ㅎ

A-Z

저자 소개

김범식
연세대학교 식품영양학과 박사
연성대학교 식품영양학과 교수

박희정
이화여자대학교 식품영양학과 박사
상명대학교 식품영양학과 교수

김일낭
서울대학교 식품영양학과 박사
울산과학대학교 식품영양학과 교수

이자현
고려대학교 화공생명공학과 박사
동양미래대학교 식품공학과 교수

박미혜
경북대학교 식품영양학과 박사
대구보건대학교 식품영양학과 교수

실무의 기초가 되는

식품분석

2019년 9월 2일 초판 1쇄 발행 | 2022년 2월 28일 초판 2쇄 발행
지은이 김범식·박희정·김일낭·이자현·박미혜 | **펴낸이** 류원식 | **펴낸곳** **교문사**

편집팀장 김경수 | **책임진행** 권혜지 | **디자인** 황순하 | **본문편집** 벽호미디어

주소 (10881) 경기도 파주시 문발로 116 | **전화** 031-955-6111 | **팩스** 031-955-0955
홈페이지 www.gyomoon.com | **E-mail** genie@gyomoon.com
등록 1968. 10. 28. 제406-2006-000035호
ISBN 978-89-363-1863-5(93590) | **값** 20,000원